U0293592

绿镜头·发现中国

——走进天津

中国气象局　天津市委宣传部　天津市气象局　编

图书在版编目(CIP)数据

绿镜头·发现中国.走进天津 / 中国气象局,天津市委宣传部,天津市气象局编.-- 北京:气象出版社,2017.1

ISBN 978-7-5029-6522-8

Ⅰ.①绿… Ⅱ.①中… ②天… ③天… Ⅲ.①生态环境建设–天津 Ⅳ.① X321.221

中国版本图书馆 CIP 数据核字 (2016) 第 324710 号

Lü Jingtou · Faxian Zhongguo——Zoujin Tianjin

绿镜头·发现中国——走进天津

出版发行:气象出版社

地　　址:北京市海淀区中关村南大街 46 号　　邮政编码:100081

总 编 室:010-68407112　　发 行 部:010-68408042

网　　址:www.qxcbs.com　　E-mail: qxcbs@cma.gov.cn

责任编辑:殷　淼　胡育峰　　终　　审:邵俊年

封面设计:符　赋　　责任技编:赵相宁

印　　刷:北京地大天成印务有限公司

开　　本:787 mm × 1092 mm　1/16　　印　　张:11

字　　数:150 千字

版　　次:2017 年 1 月第 1 版　　印　　次:2017 年 1 月第 1 次印刷

定　　价:80.00 元

《绿镜头·发现中国——走进天津》编委会

前言

“绿镜头·发现中国”系列采访活动由中国气象局发起，携手中央及地方主流媒体，致力于深入报道各地推进生态文明建设的探索和实践，以新闻眼光关注生态，从绿色发展视角解读生态，倡导尊重自然、顺应自然、保护自然的生态文明理念，呼吁全社会共同保护我们的美丽家园，为国家推动形成绿色生产生活方式提供舆论支持。

该项活动自2013年5月启动以来，已深入全国20余省（自治区、直辖市）采访、调研、报道，走访了气象、林业、水利、环保、农业、旅游、森林公安、农垦等部门以及高校、科研院所等，选题涉及生态文明建设的多个领域。

中共中央在《关于制定国民经济和社会发展第十三个五年规划的建议》中指出：要用“创新、协调、绿色、开放、共享”五大发展理念为“十三五”谋篇布局。其中“绿色”理念，即强调了节约资源、保护环境在我国未来发展道路上的重要地位，坚定了走生产发展、生活富裕、生态良好的文明发展道路的决心。在这样的大背景下，“绿镜头·发现中国”系列采访活动凝聚起众多媒体团队力量，深入全国各地采访报道，关注生态、解读生态，向全社会持续传递着国家推动生态文明建设的“正能量”。

2016年，中国气象局、天津市委宣传部与人民网联合主办了天津站活动，得到新华社、《人民日报》《经济日报》《光明日报》《中国科学报》《中国气象报》等众多中央主流媒体及天津地方媒体的青睐和支持，围绕天津生态环境建设、生态湿地保护、生态旅游发展等主题开展了深入采访，真实记录了天津生态文明建设所取得的阶段性成效以及气象部门服务地方经济社会发展所做的工作。

近年来，天津大力推进生态文明建设，牢固树立尊重自然、适应自然、保护自然的生态理念，通过“美丽天津”建设，为广大民众能够在天蓝地绿、水清气爽的良好生态环境中共享发展成果做出了不懈努力。

“美丽天津”演绎着“五大发展理念”的深刻内涵，更是聚焦百姓身边的绿色福利。围绕生态文明建设主题的实地采访为天津的发展留下了历史记忆，更为生态文明建设卯足了干劲！

目录

前言

001 第一章 采访活动启动

008 服务生态文明建设 保障经济社会发展——专访天津市气象局党组书记、局长权循刚

017 第二章 翻开都市生态环境建设新篇章

018 天津提前两年完成“大气十条”任务目标——生态建设取得阶段性成效

024 天津城市绿道——拉近市民和自然的距离

029 推广立体、垂直绿化新方式——体现生态之美

033 “十绿”工程扮靓美丽天津

036 天气预报精细到社区、绘制城市内涝区划图——天津气象服务体贴入微

041 第三章 打造低碳环保经济示范

042 中新天津生态城——崛起的绿色新城

050 距“绿色之城”有多远——探访中新天津生态城

059 滨海新区气象局助力打造生态宜居城市

063 加入“绿活族”从这里开始

065 气象研究“献计”城市建筑节能

071 第四章 津上直沽——宝贵湿地生态资源
073 北大港湿地——挑剔鸟儿的中意之地
080 东方白鹳下榻天津市区筑巢育雏纪实
097 七里海湿地——天津城市之肾
102 团泊湿地——美丽的候鸟栖息地
104 天津贝壳堤——世界著名的三大贝壳堤之一

107 第五章 借力北国风光发展生态旅游
108 蓟州
110 蓟州区生态发展思路
112 护好“山水绿” 打造“后花园”——专访蓟州区区长王洪海
119 给矿区披绿衣——是经验也是教训
123 为乡村插上绿色的翅膀
127 能人治村，落后村变明星村
131 蓟州区气象局多举措助力打造生态文明旅游区

139 第六章 生态农业助力生态经济发展
140 麦芽飘香丁家酆 天津都市型农业跨步发展

144　天津农户拥抱电商“互联网+农业”促增收致富
148　天津新增全国休闲农业乡村旅游示范县、示范点
150　“三步走”迈出现代农业气象服务创新之路
157　西青区气象局为沙窝萝卜高效生产、农民致富添“法宝”
162　武清区气象局为特色种植作保障

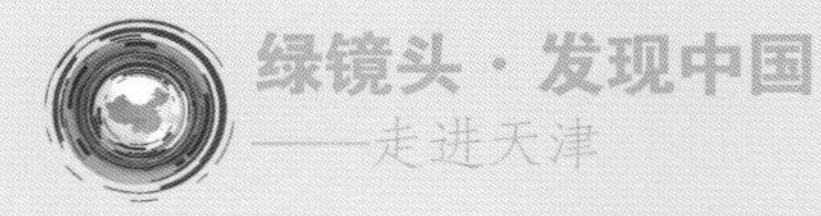
绿镜头·发现中国
——走进天津

第一章
采访活动启动

2016年7月15日，“绿镜头·发现中国”系列采访活动走进天津。“绿镜头·发现中国”系列采访活动旨在以新闻的眼光关注生态、从气象的角度解读生态。自2013年5月开展以来，已经陆续派出30余路由多家媒体记者组成的采访组，完成了《沙源地生态保护与恢复》《三江源水资源保护》等多篇报道。天津是2016年“绿镜头·发现中国”系列采访活动的第2站。此次“走进天津”系列采访活动在天津召开了活动启动仪式暨新闻发布会。中国气象局副局长宇如聪，天津市人民政府副秘书长李森阳，天津市委宣传部副部长石刚、人民网副总编辑董盟君以及天津市气象局、环境保护局（以下简称环保局）、市容和园林管理委员会（以下简称市容园林委）、农村工作委员会（以下简称农委）、水务局、旅游局、林业局等部门的相关负责人出席新闻发布会。本次“绿镜头·发现中国——走进天津”采访活动，由中国气象局、人民网和中共天津市委宣传部联合主办，由中国气象局办公室、天津市气象局、中国气象局气象宣传与科普中心、中国气象报社等联合承办，重点围绕天津生态环境建设、生态湿地保护、生态旅游发展等主题，报道近年来天津生态文明建设、环境保护和生态发展取得的成就，关注气象部门在服务天津生态文明建设及服务地方经济社会发展所做的工作，面向全国乃至世界宣传推广天津生态建设与文化发展。

“绿镜头·发现中国——走进天津”新闻发布会

庄白羽/摄影

中国气象局副局长宇如聪表示，当前生态文明建设已经上升到国家战略高度，气象与生态、环境有着密不可分的联系。中国气象局特别注重发挥专业部门特色，强化对生态环境的动态监测、科学评估和开发利用，在防灾减灾、应对气候变化、气候资源开发利用等多个领域始终致力于服务国家生态文明建设。“绿镜头”活动是中国气象局支持推进生态文明建设的重要行动，是气象工作更好地融入经济社会发展主战场、展现科技型部门的新作为，为倡导绿色发展理念、推进生态文明建设注入了正能量。

中国气象局副局长宇如聪讲话
庄白羽／摄影

天津市人民政府副秘书长李森阳认为，通过系列采访活动，反映天津生态文明建设的经验和做法，对推动天津市生态文明建设良性发展具有积极的作用。

天津市委宣传部副部长石刚说：“‘美丽天津’演绎着‘五大发展理念’的深刻内涵，更是聚焦百姓身边的绿色福利，希望围绕生态文明建设主题的实地采访能为天津的发展鼓劲加油。”

左：天津市人民政府副秘书长李森阳讲话

庄白羽 / 摄影

右：天津市委宣传部副部长石刚讲话

庄白羽 / 摄影

人民网副总编董盟君讲话
庄白羽 / 摄影

人民网副总编董盟君表示，人民网愿意和中国气象局一起，倡导尊重自然、顺应自然、保护自然的生态文明理念，为绿色生产生活方式提供更多的舆论支持。

中国气象局领导，天津市委宣传部、市政府领导与
“绿镜头 · 发现中国”报道组人员合影
庄白羽/摄影

此行采访团先后深入天津城市郊野公园和城市绿道、滨海新区北大港湿地、中新天津生态城和蓟州区山区等地，围绕天津城市生态环境保护、湿地保护、生态城建设和生态旅游等方面展开实地采访，了解天津生态环境保护的具体措施及生态文明建设取得的成效。《人民日报》《光明日报》《经济日报》《中国科学报》《中国气象报》《天津日报》、新华社、天津电视台、中国气象频道等近20家媒体组成的报道组将奔赴天津多地采访、拍摄。

服务生态文明建设 保障经济社会发展

——专访天津市气象局党组书记、局长权循刚

记者：生态文明建设的核心是实现人与自然和谐相处、使得人类社会可持续发展。地球大气作为自然生态环境的重要组成部分，气象工作也与生态文明建设有着密切的联系。您认为，天津气象部门在本市的生态文明建设中可以发挥什么作用？

权循刚局长：气象部门在本市生态文明建设中可以在防御气象灾害、应对气候变化、改善大气环境等多个方面发挥积极作用。具体而言，我们可以开展三方面的工作，积极参与和有效保障生态文明建设。

一是通过增强气象灾害及其衍生灾害的监测、预报、预警以及灾害风险的预警、评估能力，减轻自然生态环境对经济社会发展的不利影响。主要包括加强气象综合监测站网建设、灾害性天气气候预报预测能力建设以及建立完善政府主导、部门联动、社会参与的气象灾害防御体系，提高我们全社会防灾减灾能力。二是通过开展应用气候研究与人工影响天气工作，合理开发利用风、光、温、热以及云水等可

天津市气象局党组书记、局长权循刚

肖涵／摄影

再生的气候资源，减轻我们对石油、煤炭等资源的依赖，强化对极端天气气候事件的监测、预警和评估，提高我们适应气候变化的能力。三是通过加强与大气环境污染、水环境污染等相关的环境气象工作，为“天蓝、地绿、水清”的“美丽天津”建设做好气象服务工作。

天津市气象局党组书记、局长权循刚在“绿镜头·发现中国——走进天津”新闻发布会上讲话

庄白羽/摄影

记者：就您所说的以上三个方面，天津市气象局在助力生态文明建设方面具体都开展了哪些相关工作？又取得了怎样的成效？

权循刚局长：一是积极推进气象业务现代化。从气象综合观测能力上看，全市区域自动气象站已实现所有乡镇全覆盖，数量达到了282个，几乎是每20平方千米一个站。除滨海新区多普勒天气雷达外，我们还在宝坻、静海等地新增了5部风廓线雷达。渤海石油平台气象站从过去的1个增加到3个，2016年年底将达到18个。建立了监测$PM_{2.5}$等的大气环境观测站10个，255米气象铁塔垂直多层次观测实现业务运行，这不仅增强了对灾害性天气的监测能力，也提高了对森林、湿地、海洋的气候环境和城市大气边界层气象条件的监测能力。

天津市气象局为“国际直升机博览会”开展现场保障服务

张妍/摄影

从气象预报预警业务能力上看，对我市及周边地区的数值预报产品空间精度已达到“1千米×1千米”，时间分辨率已达到“逐小时”。除了市气象台和市气候中心，我局还成立了天津海洋中心气象台、海河流域气象中心、环境气象中心、气象服务中心、农业气象服务中心等业务机构，开展了北方海洋气象、流域水文气象、城市环境气象、公众健康气象、设施农业气象以及交通、电力、供热、供水等多种专业气象预报和服务业务。开展了暴雨、大风、雾和霾等多种灾害性天气的分区、分级预警业务。我们还正在推进像城市积涝、船舶航行、农业生产等多个领域的气象灾害风险区划、预警和评估业务。

二是建立、完善气象灾害防御体系。从组织体系上讲，市和涉农区均建立了气象灾害应急指挥部，成立了覆盖全市、镇、街、村、社区的气象协理员、气象信息员队伍。从预案管理上讲，各区、乡镇、街乃至村、社区都编制了气象灾害应急预案。从预警发布业务上讲，市和区均成立了突发事件预警信息发布中心，建立了预警信息发布平台，通过电视、广播、手机短信、微博、微信、互联网络、报纸、预警大喇叭、气象显示屏等多种发布手段及时发布预报、预警信息。从防灾手段上讲，我们有47个地面作业点，开展人工高炮、火箭防雹及增雨作业，还定期开展飞机增雨作业，以减轻冰雹灾害和旱灾影响。对雷电灾害则强化建（构）筑物的防雷装置、防雷设施的安全性检测管理。我们的气象灾害防御体系在建设中已经经受了考验，如2012年7月下旬的持续暴雨洪涝灾害和今年（2016年）7月19日大暴雨天气过程，我们的预警预报服务及时、到位，得到了市委市政府以及社会的广泛肯定。

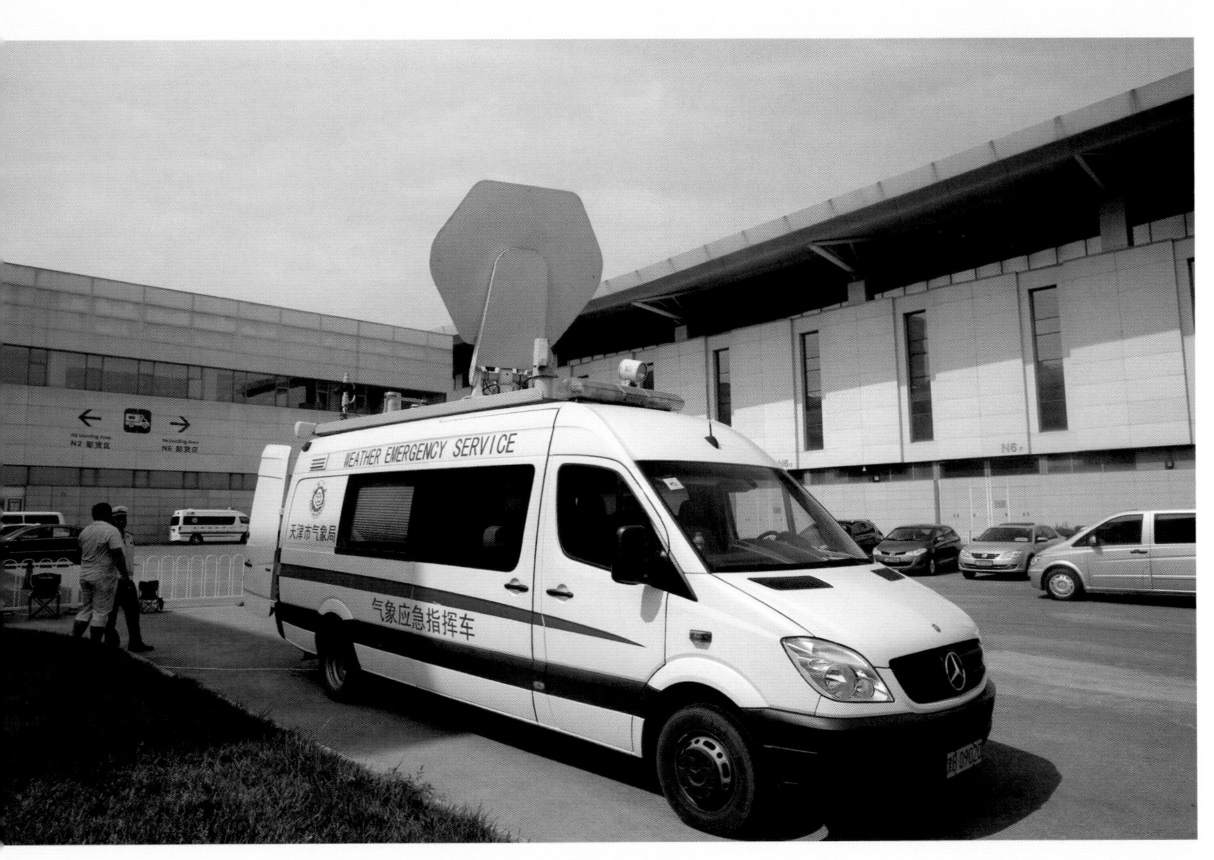

天津市气象局为“达沃斯”论坛开展现场保障服务

张妍/摄影

三是积极开展与生态环境建设相关的专题研究和服务。在支持发展设施农业上，建立了具有3个专用试验大棚和相关仪器设备的设施农业试验基地，与欧盟开展了技术交流与合作，推出了适合本地特点的温室构造类型和专业观测分析仪器，构建了适用于温室的小气候物联网远程监测分析技术和指导服务技术。在飞机增雨技术研究上，改装专用飞机，安装大气物理探测设备，制定了飞机增雨试验计划。在城市规划、建筑节能上，从城市快速发展条件下的暴雨径流系数变化到城市规划设计气候条件分析，从城市建筑节能到城市冠层对污染物扩散的影响等诸多方面，与规划、城市建设、环境保护等多个部门合作开展了研究；与新加坡合作开展了中新生态城微气候改善研究、生态城区域能源站系统优化及其基于预报的调度系统的研究等；开展了我市风能资源的气象观测及普查分析；向中新生态城开展了可再生能源气象预报服务。在有关气象监测预报技术研发、气象灾害风险预警评估技术研究等方面更是做了大量工作。

记者：随着京津冀协同发展的不断深化，气象部门也做出了大量努力。对于天津来说，为做好京津冀协同发展气象保障，市气象局将如何定位？将从哪些方面着力？

权循刚局长：根据中国气象局印发的《京津冀协同发展气象保障规划》，京津冀三省市气象部门将打破行政区域的限制，积极推进京津冀气象业务向一体化方向发展。其中，在气象业务服务区域分工中，要求天津成为北方海洋气象中心、流域气象中心以及区域气象高性能计算中心。根据定位要求，我们一是着力推进北方海洋气象中心建设，通过重组天津海洋中心气象台，进一步聚焦北方海洋气象业务服务能力建设，与河北省协同开展海洋气象业务与服务，双方在海洋气象观测、预报、预警和服务等方面进行深度合作；二是着力加强流域气象中心业务建设，履行拟定流域水文气象站网规划、气象服务专项规划和制定相关业务规范的工作职责，提升面向京津冀、面向海河流域的水文气象服务能力；三是着力提升面向区域的业务科研高性能计算和存储支持能力，依托国家超级计算天津中心，构建区域数值预报、数值模拟的业务及预报产品后处理的业务计算平台和科研开发平台，逐步形成区域气象大数据存储中心。

绿镜头·发现中国
——走进天津

第二章
翻开都市生态环境建设新篇章

天津提前两年完成“大气十条”任务目标

——生态建设取得阶段性成效

2016年7月15日，记者从“绿镜头·发现中国——走进天津”系列采访活动座谈会上了解到，在京津冀大气污染治理中，天津率先并提前两年完成了“大气十条”任务目标。这也是“美丽天津·一号工程”自2013年启动以来取得的阶段性进展。

“绿镜头·发现中国——走进天津”系列采访活动座谈会
庄白羽/摄影

天津市环保局大气环境保护处副处长何建强
庄白羽/摄影

天津市环保局大气环境保护处副处长何建强介绍，天津把防治大气污染作为重大民生工程，坚持实施“五四三”治理，狠抓控煤、控尘、控车、控工业污染、控新建项目等“五控任务”；综合运用法律、行政、经济、科技“四种手段”治理污染；全面推行网格化管理，实行环境管理无死角、监察无盲区、监测无空白的“三无管理”。到2015年底，天津市空气质量达标天数由2013年的40%提高至60.3%。

除了治理大气污染，天津“美丽天津·一号工程”还开展了清水河道、清洁村庄、清洁社区和绿化美化工作。数据说明了工程成效，到2015年，当地农作物秸秆综合利用率从2013年的76.6%提升至95.2%，2016年将继续提升至97%，进一步解决秸秆焚烧问题；农村地区116万吨散煤全部实现清洁化代替，全市20套30万千瓦及以上煤

左上：天津市气象局党组副书记、副局长关福来

右上：天津市农委能源生态处处长陈绍田

左下：天津市市容园林委正处级调研员焦春宝

右下：天津市气候中心副主任郭军

庄白羽/摄影

左上：天津市水务局正处级调研员聂荣智
右上：天津市旅游局副主任科员田雪娇
左下：天津市林业局处长齐崇辉
庄白羽/摄影

电机组中，65%完成了清洁化改造；2015年全市查出大气类违法行为1143起；建成1360个“清洁村庄”，村垃圾设施配套率达到100%；完成绿化面积2408万平方米。

在座谈会上，天津市环保局、市容园林委、农委、水务局、旅游局、林业局、气象局等部门相关负责人，与“绿镜头·发现中国”记者团一起，围绕天津郊野公园、城市绿道、沿海造林、都市造林、城市环境保护等经验举措、进展成效深入交流。记者团将深入中新天津生态城、滨海新区北大港湿地等地，进一步探寻天津生态文明建设经验。

上：《光明日报》记者袁于飞提问
中：《人民日报》记者赵贝佳提问
下：《中国气象报》记者孙楠提问
庄白羽/摄影

上：精品社区
下：绿色津城
张忠贵 / 摄影

天津城市绿道

——拉近市民和自然的距离

2016年7月16日上午，采访组一行来到位于天津市北辰区的城市绿道公园。穿着运动衫、戴着白手套、头顶骑行头盔，74岁的曹子敬和70岁的老伴儿裴丽娟骑自行车时英姿飒爽。他俩是天津夕阳红骑行队的一员。目前这个骑行队在册的有27人，年纪最长的83岁。一人一部单车走南闯北，黄河、长江、漠河、海南岛都去过。

中国气象报记者王晨采访裴丽娟夫妇
庄白羽/摄影

每周一、三、五，裴丽娟都会骑行锻炼，如果不出远门，她和队友们通常会选择天津市区周边的郊野公园。

发现北辰郊野公园绿道实属偶然。通常沿着外环路骑车的裴丽娟和曹子敬，在一次遇到修路时改变了原有路线，发现外环路沿线的人工林中有一条二三米宽的跑道。抱着试一试的心态，他们来到这条路上骑行，却发现这里简直就是为了骑行者而设计的。

道路两边的林木提供了阴凉的环境，彩色路面十分平整，连中间休息的驿站都被设计成骑行头盔的形状，最为重要的是，这条道路从市区直通北辰郊野公园。

“绿镜头·发现中国”摄影师张冬专注拍摄
庄白羽/摄影

处处鲜花盛开
庄白羽/摄影

“这条路太好了。”裴丽娟如获至宝一般，“以前在马路上骑行，尾气多、太阳晒，还不安全。这下全部解决了。”

这条全长14.4千米的绿道的确是为骑行爱好者而设计的。2016年3月开工建设，到7月中旬道路已基本完工，目前正在进行休息驿站的建设和完善。

郊野公园骑行道
庄白羽 / 摄影

据天津北辰区公路管理局副局长苏浩源介绍，绿道工程为市民营造大绿、自然、生态、休闲、健康的城市慢行系统，给骑行者提供骑车的场所，并且会让越来越多的人骑车去郊野公园，减少二氧化碳排放。“绿道是在不破坏原有人工林的基础上建成的，没砍伐一棵树，反而进行补种，对生态绿化没有造成破坏。”苏浩源说。

左：采访气象专家朱定真
右：采访天津北辰区公路管理局副局长苏浩源
庄白羽 / 摄影

推广立体、垂直绿化新方式

——体现生态之美

春季时，大理道的海棠透墙而出；夏季时，睦南道槐花满地；秋季时，重庆道的栾树“蒴果累累”、马场道的银杏树营造“金色大道”……如果您想要在天津市的文化街区寻找醉人的生态美景，一定少不了“五大道地区”。在这片1.28平方千米的范围内，纵横的23条道路，一路一品，各具特色。

大理道绿化景观

何成/摄影

2016年，天津市市容环境综合整治工作着力实施10项绿化建设提升工程，像“五大道”这样兼具生态性、创意感的绿化亮点频繁出现。预计到2017年4月底，全市将新建和提升改造绿化面积2000万平方米。

天津市将进一步丰富园林绿化的空间层次和城市立体景观效果，增加城市绿量，重点在第十三届中华人民共和国全国运动会（以下简称全运会）比赛场馆周边和云南路、桂林路等道路实施，实现“连线、聚片、成景、多样”的综合园林立体绿化成果。实施中心城区135处22千米垂直绿化，在沿线单位的围墙种植五叶地锦、凌霄等爬藤植物，以透视格栅支撑植物形成植物墙，增加密度、长度、厚度，提高绿视率，“以绿为墙，应绿尽绿”。

古文化街一瞥
宛公展/摄影

此外，天津市还将通过立体草雕，因地制宜、见缝插“绿”，打造更多城市“绿化小品”，根据布景的不同需求，设计组合出丰富多样的景观效果，在街道、绿地、广场、公园、展馆等场所广泛应用。

中心城区积极探索和推广立体、垂直绿化新方式，可以为城市开辟出更多可绿化新空间，因地制宜，使城市生态建设由平面向空间拓展，将绿化延伸至城市“边、角、缝、栏、顶、台、池、箱”等，实现“宜绿则绿，绿满空间”。这也是天津“十三五”期间进一步改善城市生态品质，增强城市“绿肺”功能，充分发挥园林绿化生态作用的重点项目。

天津海河鸟瞰图
宛公展/摄影

海河夜景
苏羿/摄影

“十绿”工程扮靓美丽天津

2016年，天津市按照“生态大绿”要求，全面实施“十绿”工程，把绿送到百姓家门口，为迎办第十三届全运会、建设美丽天津再添新绿。

环城绿道：采用“绿道+慢道”的模式，建设64千米串联西青、北辰、东丽、津南四区环城绿道。

生态绿廊：实施快速路东南半环海津大桥至卫昆桥绿化提升，改造、提升津昆桥、卫昆桥、昆仑桥、海津桥四个桥区公园以及月牙河公园，与现有的桥区公园、体育公园、河东文化公园相串联，建设、提升10.2千米、131万平方米城市绿廊和舒适慢行的林荫步道。

道路绿化：实施解放南路、大沽南路等66条道路83万平方米绿化提升，补充大规格乔木，丰富绿化的高度、密度、厚度，进一步实现道路绿廊的内外贯通、接线成网。

公园绿化：建设、提升梅江公园（一期、二期）、侯台城市公园、水上公园、动物园等10个公园，建设面积275万平方米，增加城市绿量，增强城市“绿肺”功能。

街心绿化：对中心城区街头、路旁的裸露地、三角地、清拆地等可绿化地块实施绿化。

社区绿化：54个社区进行绿化提升，增加乔灌木栽植，具备条件的建设林荫停车泊位，让群众享有更大的获得感。

河岸绿化：对津河、卫津河、北运河等9条河道沿岸实施绿化充实提升，新建、提升绿化54万平方米，形成水绿相映、郁郁葱葱的城市绿带。

场馆绿化：对天津奥林匹克体育中心、团泊体育中心等53个比赛场馆周边实施高标准的绿化、美化提升。

垂直绿化：实施135处22千米沿街单位围墙垂直绿化，做到“以绿为墙、应绿尽绿”。

立体绿化：做好云南路、桂林路等道路立体绿化，丰富绿化空间层次，提升城市绿视率。

同时，实施沿街建筑、夜景灯光、路灯整饰、道路整修、交通场站、道路设施、海河设施、交管设施、环卫设施、平台建设等10项市容市貌提升工程。在全市范围开展入市道路、沿街底商、环境卫生、车辆秩序、施工工地、结合部环境、占路经营、支路环境、场校周边、公铁沿线等10项环境秩序专项治理工程。

天津社区绿化
张忠贵/摄影

另从市林业局获悉，林业部门会同规划、国土资源部门、各区县政府，编制完成了“十三五”造林绿化规划，规划营造林11.3万公顷，到2020年，林木绿化率达到28%以上。在国家储备林建设方面，五年规划营造林13.2万公顷，总投资约978.7亿元。

《天津日报》记者：张鸣岐

上：天津桥区绿化

左下：天津城市墙体绿化

右下：机扫保洁

张忠贵／摄影

天气预报精细到社区、绘制城市内涝区划图
——天津气象服务体贴入微

每条街道的老百姓都能“私人订制”天气预报

“咱们南开区水上公园街道未来一小时内不会下雨，放心出门吧。”您能想到吗？这样贴心的预报不仅可以是邻里间的提醒，还可以出自精细化的天气预报预警系统。

近日，记者在中国气象局组织的“绿镜头·发现中国——走进天津”采访活动中了解到，天津市的短时临近精细化定量降水交互预报综合平台拥有分辨率为1千米的“眼睛”，能实现城市气象灾害分区预警，对市内六个区每条街道的6小时、3小时间隔天气现象进行预报。气象信息服务网站分为市、街道、社区三级，并建立街道后台管理平台，由街道服务站负责防灾减灾宣传信息的发布和管理，实时发布基于街道位置的逐小时精细化天气预报及实况。

天津市突发公共事件预警信息发布中心主任周锦程表示，这一精细化预报系统从2015年12月开始试运行，如今已经覆盖全市六个区的全部784个社区。

有了洞察天气的“千里眼”，老百姓还需要“顺风耳”实时接收天气信息。为此，天津市气象局开发了“社区微天气”移动互联网平台，人们在手机等移动终端上便可查询“未来10分钟会不会下雨、雨什么时候会停”等基于自己所在位置的问题。

除了常规预报，市民还能收到天气预警信息和风险评估。“我们有微博、微信、手机应用软件（APP）、短信等13种发布信息的手段。”周锦程说，“例如，短信属于主动提醒。橙色级别及以上的气象灾害预警，都会全网发布。为防止短信延迟导致个别市民接收不到，我们还想到了‘托底’的法子。预警信息发布后，中心会第一时间告知街道负责人，由他们通知到各个社区的楼长，再由楼长提醒居民。信息落实到人，力求切实突破气象服务的‘最后一千米’。”

新技术的应用让气象服务更便民。天津市气候中心副主任郭军表示，由于天气状况和城市建设都在不断发展变化，未来，气象部门还需不断更新技术，以便对评估和预警系统做出及时的修正。

天津市气象局副局长郭虎与河北区副区长李志琦签署《气象防灾减灾工作合作框架协议》
张妍/摄影

左：天津市气象局借力“新媒体”针对社区开展精准推送服务
刘美佳 / 摄影
右：天津市气象局深入社区向居民推广基于位置的精准预报获取方式
张婧 / 摄影

不仅预报降水量，还能预报其影响及风险

郭军介绍，天津市在防内涝方面，也利用了自己“高分辨率”的预报系统。市气象局与市排水、市交通管理部门合作，对市内六区管网、主要承灾体及主要积水片分布进行了风险普查，绘制出《全市及分区积水片区分布图》。在天津市城市内涝仿真模型的基础上，将获取的140个内涝隐患点信息纳入数据集，再通过历史重现期分析，就能绘制出《城市内涝风险区划图》，并科学确定每个内涝隐患点的致灾临界雨量。

“以前，我们的预报只是某一区域是否有雨，降雨量为多少。而现在，我们能够通过城市内涝的仿真模型计算出这片区域可能出现多大面积的积涝。”周锦程举例道，“假如预测下午市区会有突发性强对流天气，3小时内可达30毫米以上降水，那么居民除了会收到预警信息，还能收到这30毫米降水量对自己所在社区的影响及风险的提醒，比如是否会导致路面积水、积水将达到什么程度等。”

不过，周锦程强调，对“最后一千米”的突破是双向的。“希望老百姓能更关注气象科普，真正了解预警信息的含义，特别是不同的预警对自己而言意味着什么。我们努力做到预警信息‘发得出’，让大家‘收得到’，也希望大家主动了解气象知识，这样，获得预警信息之后才能‘用得上’。”

郭军说：“各种信息发布平台都留有与居民互动的渠道，大家有什么不懂的，可以随时反馈。各部门和市民共同努力，才能解决气象服务‘最后一千米’的问题。”

天津市突发公共事件预警信息发布中心主任周锦程

庄白羽/摄影

绿镜头·发现中国

——走进天津

第三章
打造低碳环保经济示范

中新天津生态城
——崛起的绿色新城

在2012年6月召开的联合国可持续发展大会上，中新天津生态城（简称生态城）与美国洛杉矶县、法国南特市等6个城市一起被评为“全球绿色城市”。从项目启动的那一天起，8年时间，在天津滨海新区的一片盐碱荒滩上，中新天津生态城绿色建筑拔地而起，草木植被翠绿连绵，河流湿地相映成趣，风车光伏板错落生辉……昔日的盐碱荒滩悄然变成一座现代化的绿色生态新城。

中新天津生态城全景
中新天津生态城管委会/供图

上：中新天津生态城建设原址为一片盐碱地
中：中新天津生态城北部产业园
下：中新天津生态城南部片区
中新天津生态城管委会/供图

中新天津生态城鸟瞰图
中新天津生态城管委会/供图

自1994年以来，中国和新加坡两国政府间已累计合作开发了三个重大项目，一是苏州工业园，中方由商务部牵头负责，新方由贸易与工业部牵头负责；二是中新天津生态城，中方由住房和城乡建设部牵头负责，新方由国家发展部牵头负责；三是重庆互联互通项目，中方由商务部牵头负责，新方由贸工部牵头负责。三个项目建设的时代背景不同，发展使命也不一样。苏州工业园借鉴新加坡管理经验，以发展工业为主。天津生态城则以探索绿色发展和可持续发展新道路为核心使命，旨在打造一个“资源节约、环境友好、社会和谐”的生态新城，为其他城市可持续发展提供样板。

中新天津生态城是中国政府和新加坡政府在天津建立的关于应对全球气候变化、改善生态环境、建设生态文明的战略性合作项目，计划用10～15年时间，在1/3废弃盐田、1/3盐碱荒地、1/3污染水面的贫瘠土地上建成一座规划30平方千米、35万人口规模、具有世界领先水平的生态宜居新城。

中新天津生态城的建设，借鉴了世界最先进的建设理念，按照中新两国领导人提出的“人与人、人与经济、人与环境和谐共存”和“能实行、能复制、能推广”的“三和三能”建设目标，详细编制了《中新天津生态城指标体系》《中新天津生态城总体规划》和《中新天津生态城绿色建筑标准》；制定了《中新天津生态城低碳产业发展促进办法》《中新天津生态城综合水务管理导则》和《中新天津生态城南部片区城市设计导则》等一系列操作规范，努力打造绿色新城。中新天津生态城的“一轴三心五片”空间布局、“一岛三水六廊”生态布局的绿色发展蓝图和生态“路线图”，形成了以景观、环境、休闲等功能为主的城市“绿脉”。从清晰明确的以“互联网+高科技”为主，以文化创意和精英配套为辅的“一主两辅”绿色产业发展方向，到100%绿色建筑的标准体系、可再生能源利用率不低于20%的能源供应体系，再到“公交主导、慢行优先”的绿色交通模式……生态城建设者们在不懈地探索绿色发展之路。

开发建设近8年来，在中新双方的共同努力下，中新天津生态城已完成盐碱地绿化383万平方米，建成生态谷、永定洲、故道河、惠风溪等6个绿化公园和儿童公园、轮滑公园、青年公园、篮球公园4个主题公园，建成区绿化覆盖率达50%以上，区域呈现三季有花、四季有绿的“大美”面貌。在加快推进生态保护与修复上，构建了“连河通海”的生态廊道，对原有自然湿地及鸟类栖息地实施严格保护，形成了自然环境与人工环境相得益彰的生态格局。在绿色交通运行上，建成绿色道路80千米、桥梁3座，形成便捷完善的交通网络通达全区。开通运营9条通往区外的公交线路和4条区内免费公交线路，日均客流量达1.2万余人次，努力使区内绿色出行比例达到90%。

左：中新天津生态城医院
右：中新天津生态城公屋展示中心
下：中新天津生态城国家动漫园
中新天津生态城管委会/供图

位于中新天津生态城的南开中学分校
中新天津生态城管委会/供图

中新天津生态城已形成较为成熟的城市社区，初步达到了两国政府确定的阶段性目标要求。绿色产业加速聚集，截至2016年8月底，累计注册企业4018家，注册资金超过1569亿元，初步形成了以“互联网+高科技”、文化创意、精英配套为主导产业的发展态势；城市建设初具形象，产业、公建、住宅累计开、竣工508万平方米，100%为绿色建筑，成为住建部授予的北方绿色建筑示范基地和可再生能源建筑应用示范区；可再生能源利用初具规模，蓟运河口风力发电、智能电网等一批生态示范工程陆续投入运营；社会事业全面推进，就业、居住人口累计已超过6万人，开办了2所中学、4所小学和9所幼儿园，3个社区中心和多种商业设施投入使用。

中新天津生态城在环境治理和生态修复上取得了较大突破。区域内占地3平方千米、历经40年污染的污水库得到了彻底的根治，改建成了清净湖和湿地公园。建成了一个10万吨日处理能力的污水处理厂，通过污水处理、雨水收集及海水淡化3种途径，初步形成了解决缺水地区城市供水的有效模式。引进瑞典先进技术，探索建设了真空气力垃圾输送系统，初步形成了完整的垃圾减量化和循环利用产业链。

在中新天津生态城的建设过程中，绿色低碳产业呈加速聚集态势。围绕创建首个国家绿色发展示范区目标，建设者规划建设了国家动漫园、3D影视创意园区、生态科技园、生态信息园和生态产业园，

中新天津生态城商业街
中新天津生态城管委会/供图

强化招商引资，目前，已形成以“互联网+高科技”为主，以文化创意和精英配套为辅的“一主两辅”产业集群，绿色低碳产业已成为生态城的主导产业。

此外，生态城还全面实施可再生能源开发利用工程。编制了可再生能源发展总体规划，重点开发太阳能、地热能、风能等可再生能源，可再生能源利用率大幅上升。太阳能光伏、风力发电等可再生能源项目累计装机容量达11.6兆瓦，实现并网发电3096万千瓦时，折合标煤10093吨，成为国家首批绿色生态示范城区。建成全国目前最大的智能电网并已投入使用。

2013年5月14日，习近平总书记亲临中新天津生态城视察，对生态城开发建设取得的成绩表示了肯定。他指出，生态城要兼顾好先进性、高端化和能复制、可推广两个方面，在体现人与人、人与经济活动、人与环境和谐共存等方面做出有说服力的回答，为建设资源节约型、环境友好型社会提供示范。总书记的这一重要指示为生态城的发展指明了方向和路径。2014年10月，国务院批准中新天津生态城建设首个国家绿色发展示范区的实施方案，又赋予生态城新的使命。

“十三五”是中新天津生态城发展的关键期。按照两国政府赋予的历史使命和指标体系要求，生态城确定了“三跨越两翻番”的发展目标，即：2015年实现第一个跨越，地区生产总值迈上百亿元台阶；2017年实现第二个跨越，地区生产总值两年翻一番，超过两百亿元；2020年实现第三个跨越，地区生产总值五年翻两番，迈上五百亿元台阶；到2023年建区15周年时，地区生产总值再翻一番，迈上千亿元台阶。

从无到有，从小到大，从荒滩到新城，一个充分体现节能、环保、宜居等特点的现代化生态新城正迅速崛起。

距“绿色之城”有多远
——探访中新天津生态城

建设一个城市很难，更难的是通过这个城市改变人们的生活方式和理念。在天津，有一座规划面积30平方千米的生态城——中新天津生态城，成为城市建设的典范。

从2008年的不毛之地，发展到如今的宜居新城，居民们都没有想到，在短短数年时间里，这座新城“脱胎换骨”的速度如此之快。人们见证到绿色奇迹在自己眼皮底下的发生，体验到生态发展理念在自己身边的生动诠释。

“以克论净”，让垃圾走上“智能”路

在一个小区里，看不到垃圾车在各个点位上收集垃圾。所有垃圾通过地下管道进入垃圾输送系统，既简捷方便，还减少二次污染。这样的智能模式，就出现在中新天津生态城。在这里，气动垃圾输送系统运转，让人开了眼界。你可以将家里的垃圾放到这个系统的投放口，此时，垃圾顺着一条管进入到地下水平管道；真空负压把垃圾从水平管道抽送到收集站；而后，垃圾再被调到集装箱，由压实机层层压实，最后被运走。居民处理垃圾时只要注意进行分类，便可以到商店免费换取你想要的商品。智能垃圾分类，让生活更有序、更环保。“我现在手里拿着一堆矿泉水瓶，走到垃圾回收终端机旁，点击屏幕上的‘瓶罐类’窗口，然后拿自己办好的积分卡在机器上进行扫码，之后会得到一张带有二维码的纸条，这张纸条用于身份识别，也用于

对垃圾种类的识别。”天津生态城环保有限公司运行管理部中心主管何鹏向记者演示了这一过程。在垃圾上贴码后，工作人员就会到终端机前将垃圾进行投放；垃圾回收人员再将其进行分类，先初步分拣，再进行细致分拣。这个过程结束后，积分便打入用户的积分卡中。用户持卡到社区的积分兑换店，可以兑换想要的商品。一个矿泉水瓶能积5分，这5分刚好值5分钱。“我们对这个系统非常认可，参与度也很高。”使用这个智能系统的居民说。据了解，截至2016年3月，此地居民的积分已达3万分，消费2万余元。

据了解，垃圾智能分类回收系统是一套通过智能终端设备、网络通信技术、手机应用程序及微信平台，实现生活垃圾智能分类回收、线上线下积分兑换的物联系统。它按照“大分流、小分类”原则，对建筑垃圾、生活垃圾、园林垃圾、医疗垃圾等垃圾种类实行大分流，

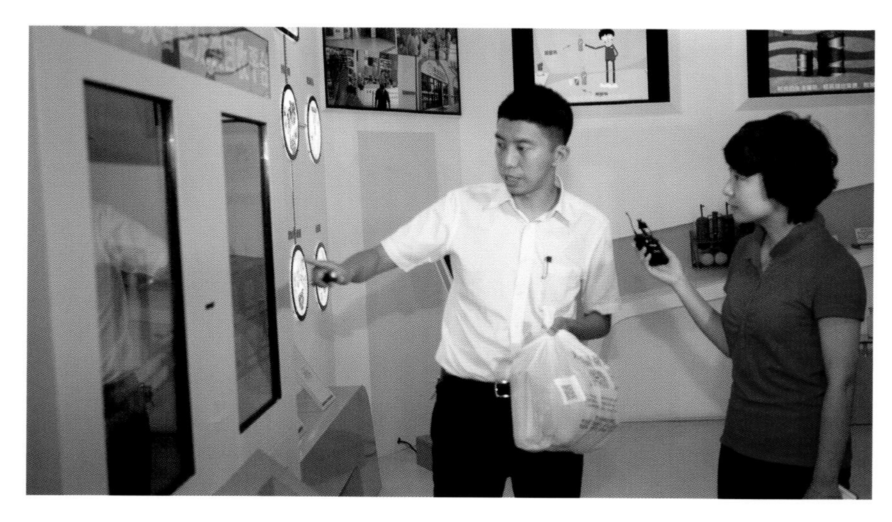

有关工作人员演示智能垃圾分类回收平台操作

庄白羽 / 摄影

将生活垃圾按照可回收垃圾、有毒有害垃圾、厨余垃圾、大件垃圾、其他垃圾进行小分类，做到源头减量、分类收集、分类运输，综合处理。这一切，都是“以克论净”的环卫工作监督管理手段在背后起作用，它正在治理大气污染、改善生态环境、落实清洁社区行动中“大行其道”。生态城针对不同区域、不同季节、不同点位、不同时间制定了不同标准的量化考核体系，利用大量检测数据衡量制定涵盖全面的考核指标体系及相对成熟的环境卫生管理服务标准。

另一个亮点，是“环卫一体化”保洁模式。“拿环卫作业来说，在别的地区，可能还在对环卫工作的各个环节进行拆分，而生态城的环卫作业，将道路扫保、绿地保洁、立面保洁、水域保洁、垃圾清运等资源进行一体化平台整合优化，避免了‘交叉感染’。”何鹏说，如此，不仅提高了管理效率，同时也对机械进行了充分利用。

左：中新天津生态城的垃圾回收处理系统
右：中新天津生态城的餐厨废油制备皂粉机器
张妍 / 摄影

除了生活上智能，这里的建筑、能源使用都显得“高大上”

按照规划，生态城绿色建筑比例为100%。生态城已经建设了一些零能耗建筑，全年能耗能够由场地所产生的可再生能源全部提供。建造者首先根据建筑的不同朝向设定立面窗墙比、减小建筑体形系数、充分利用自然通风等被动式节能措施最大限度降低建筑能耗，再采用地板辐射采暖及毛细管网系统、设置智能照明控制系统、光伏发电自发自用余电上网系统等主动式节能措施将建筑能耗进一步降低，最后利用可再生能源技术弥补建筑所消耗的能源。

根据生态城“十三五”规划，未来五年，生态城清洁能源使用比例将达到100%，可再生能源使用率达到20%；合作区绿色出行比例达到90%；生活垃圾无害化处理达到100%，垃圾回收利用率达60%。

左：中新天津生态城的垃圾智能分类回收平台
右：中新天津生态城到处体现着垃圾分类处理的理念
中新生态城管委会/供图

中新天津生态城气力垃圾输送系统
张妍/摄影

在生态城展示区走上一圈，就能想象到居民生活的画卷。冬天，地源热泵将地下热量抽上来采暖，夏天又将屋里的热量输送至地下。打开水龙头，热水来自屋顶的太阳能热水器，节水装置使得出水量仅为每秒0.06升，但出水口的起泡器使得水流很强劲。大部分居民就在生态城上班，只需要10分钟的自行车车程即可到达单位。

诞生于盐碱地的生态城证明：没有科技便无从谈绿色发展

很难想象，这样一座现代化的绿色城市，是在一片盐碱地上建设起来的。

中新生态城地处汉沽和塘沽两个市辖区之间，汉沽和塘沽长期以来是天津市的重要化工基地，被污染裹挟。有一座占地近3平方千米、历经40年工农业污染的污水库坐落于此，底泥中的汞、镉、砷、铜严重超标，水生态系统被完全破坏，周边盐碱地也让市民避而远之。

和很多新城建设不一样，生态城内的污水库并没有被填平，而是坚持生态修复原则，完整保留湿地和水系，预留鸟类栖息地，实施水生态修复和土壤改良。

2008年生态城建设之初，污水库便成为首要治理任务。“那时候，我们的工作人员进场施工时，一下车就感到臭味熏天，一些同事待一会儿就吐了。”天津生态城环保有限公司研发中心主任杨伟博士说，“水质都是劣五类的，不夸张地说，水里任何生物都没有。”

记者采访中新天津生态城环保有限公司研发中心主任杨伟

庄白羽/摄影

杨伟接手治理任务后，咨询过国外的水污染治理专家，他们说这样的水治理需要几十年。对建设一个新城来说，几十年太久了，会让一代人失去耐心。

于是，工作人员开始组织专家咨询会和论证会，做实验，查文献，最终确定了技术方案，形成底泥环保疏浚、管道加药稳定、土工管袋脱水减容成套技术体系。

技术人员将疏浚作业引入工程中，把底泥疏浚到船上来，再用高压泵打到岸上。污泥一上岸，便加入重金属稳定剂，让重金属的形态发生变化。之后，再进入底泥，加入絮凝剂，让泥迅速在里面成团，进入到突兀管袋里。然后通过架桥作用，将泥截流在袋中，而水通过袋子的空隙流出来，回到湖里面去。在这之后，远处的污水厂会对污水进行预处理，处理完后进行达标排放。

仅依托该工程，生态城就获得了7项专利授权。2014年，污水库治理技术获得天津市科技进步一等奖。外国专家认为，几十年才能治理好的污水，在中新生态城仅短短几年时间，就治理成了可供人们饮用的水。

除了污水处理以外，生态城的博士后工作总站在绿色环保、新能源和绿色建筑、智能家居等领域招收博士后，针对各领域的重大科技问题开展攻关，研发冷热电三联供技术、蓄冷蓄热技术、光伏发电技术等，此外，还专门开展了可再生能源可行性研究。有了这些，人们才能体验并享受完全不同以往的生活方式。

人们行为的改变靠的不是说教，仅靠提高环保意识也是不够的，最重要的是科技带动。国家气候变化专家委员会副主任何建坤说，没有能源体系根本变革，就无从应对气候变化。他认为，实现能源变革最主要的途径就是推动能源科技创新，形成国家科技创新体系。中新天津生态城在这方面给人们上了生动的一课。

走出“鬼城”的尴尬和迷惑
——它的前景就是变成人们想要的理想城

生态城综合服务中心是“绿镜头·发现中国——走进天津”记者团来到的第一站，这里用视频和沙盘描绘着“将容纳35万居民，面积超过30平方千米”的生态城。据说在2009年，这栋橙色的现代化建筑还是生态城唯一的一栋楼。

建设一座城很难，中新天津生态城建设中遇到过很多困难。比如2013年，媒体掀起了一阵抨击它为“鬼城”的舆论。当时媒体报道，家在天津汉沽区的王林，为了躲避空气污染和交通堵塞，在生态城挑选了一套价格相对较低的公寓。“距离天津市中心40千米，国内可持续发展的范例，房价也有优惠政策”，这里听起来像“理想之城”。

王林搬过来时，大楼里很多房子都没有住户，他慢慢开始抱怨，几千名常住户和此前宣传的将容纳35万居民相差甚远，而且建筑工人比常住人口多。更糟糕的是，学校少，医院和购物中心都没有。

媒体称之为“尴尬与迷惑”，甚至担心生态城会被异化为一场打着生态旗号的房地产开发盛宴。不过如今，人们回头看时发现，“空壳”里的“瓤”已经慢慢填上了。

产业和城市融合发展，是生态城发展的道路。产业必须是以动漫、影视、出版为主的绿色产业。当地政府实施了各种招商引资和吸引人气的政策。比如2012年底实施的《中新天津生态城引进紧缺人才的优惠政策意见》，提出了对引进的紧缺专业人才购房返还个人所得税；并放宽天津市蓝印（正式）户口，即一次性支付60万元现金购房，便可以拥有滨海新区蓝印户口。

生态城的人口也以几何级数的速度增长。2012年时，这里只有一所学校，二十几个老师，甚至有些年级因为人数太少，只能在市里学校借读。“到今年（2016）9月开学季，已经有三所小学，义务教育的各个年级都已具备。”生态城管委会办公室新闻科科长吴迪介绍，2014年生态城招聘了一百多名教师，2015年又招聘了一百多名。目前，生态城不得不采用一些限制入学政策，缓解入学难的问题。

“买房落户比盖小学快多了，匹配教育资源的速度赶不上城市规模扩大的速度。”吴迪说。人们不再说生态城是“鬼城”了，但它离成为一座成熟的城市还有很长的路要走。

没有一座城可以一蹴而就，人们绿色生活的习惯不会在一夜之间形成。眼下，生态城已经稳扎稳打地度过了“婴儿期”和“叛逆期”。“它的前景不错，或许这就是人们居住的理想环境吧。”这里的居民和生态城的管理者一样有信心。

“绿镜头·发现中国”采访组与中新天津生态城工作人员合影
庄白羽/摄影

滨海新区气象局助力打造生态宜居城市

中新天津生态城是中国和新加坡两国政府在2007年天津滨海新区建立的关于改善生态环境、应对全球气候变化、节约资源能源的战略性合作项目。不到10年的时间里，这个由1/3废弃盐田、1/3盐碱荒地、1/3污染水面组成的贫瘠土地上建成了一座30平方千米、35万人口规模、具有世界领先水平的生态宜居新城，成为展示滨海新区“经济繁荣、社会和谐、环境优美的宜居生态型新城区”的重要载体和形象标志。在天津中新生态城这座现代化绿色生态新城不断崛起的同时，滨海新区气象局为其建设开展了重要服务。

多年来，为满足生态城经济、社会和生态可持续发展过程中对气象服务的迫切需求，滨海新区气象局不断完善观测站网布局，开展气候资源的普查和气候资源区划工作，做好风能、太阳能的开发利用，并不断发挥自身科技优势，深化部门合作，参与地方经济建设，扩展科技领域合作，努力加强研究的实用性和深度，为地方经济社会发展服务。

滨海新区（简称新区）气象局党组书记、局长吕江津介绍：“滨海新区的自然条件十分特殊，主要表现为石油、天然气、原盐、地热等自然资源高度富集，水资源十分匮乏，生态环境极端脆弱。因此要着力搞好环境综合整治，维护生态平衡，大力发展循环经济，气候资源以及可再生能源的利用工作至关重要。”为此，新区气象局充分结合中新天津生态城的地理环境信息和气候特点，不断完善观测站点布局，目前已建成太阳辐射观测站1套，多要素自动气象观测站2套，并

滨海新区气象局党组书记、局长吕江津
张妍/摄影

将观测数据实时传输至生态城管委会政务系统网站，还实现了与区建设和交通局、科技局、市政工程部门等多个单位实时数据共享，为开发区气候资源利用以及生态建设提供了可靠的基础数据和决策依据。此外，随着观测站网的建立，新区气象局对生态城区域的气象监测和预报预警能力也得到进一步加强，并对生态城建设的周围气候变化给予评价，对其合理开发利用资源给予相应的指导。

随着中新天津生态城的不断发展，符合节能环保、循环经济要求的产业已成为其产业链发展的重点。特别是对太阳能、风能、土壤源、水源等开发利用的科研产业成为生态城发展体现人与自然、人与社会、人与经济和谐共处循环发展理念的重要手段。为进一步做好风能、太阳能的开发利用、不断提升气象科技服务能力，新区气象局于2013年与市气象局联合申报“中新天津生态城中新科技合作计划研究”项目，共有“中新天津生态城微气候改善研究”和“生态城区域能源站系统优化及其基于气象预报的调度系统”两项绿色建筑领域关键技术类研究项目获得批准通过。

吕江津说:“中新天津生态城中新科技合作计划旨在推进绿色建筑技术在生态城的普及应用,带动绿色建筑产业发展。其中,‘中新天津生态城微气候改善研究’项目主要分析生态城所在地区的太阳辐射强度、风向风速、气温分布等气象特征，并利用TJ-WRF数值模式模拟生态城区域气象场和生态城微尺度的气候环境，进而为生态城建设布局、建筑能耗评估提供真实可靠的室外气象环境参数。”

通过项目研究，新区气象局与天津市气候中心联合通过实际气象要素观测和气象数值模拟研究生态城建成区对气象环境的影响，充分考虑了小区建筑群、绿地、水面分布，建筑的高度、朝向及对太阳辐射的遮蔽等多类因素，对不同条件下的气温、风向和流场进行了气象数值模拟。市气候中心副主任郭军说:“此种模式能够合理地反映出由于建筑物遮蔽造成的温度差异以及不同下垫面上的温度变化，能够较好地模拟实际天气条件下的气象场的精细特征。我们据此为规划建设部门提出了增加经济林带及绿色通风廊道等措施，对改善局部流场、保护生态环境等产生了积极作用。”

生态城区域能源站系统优化及其基于气象预报的调度系统项目则是建设满足生态城能源保障需求的气象监测预报支撑系统。滨海新区气象局一方面开展了光伏发电气象监测模型及风电功率预测模型本地化应用研究，提高辐射、风场的精细化预测能力，研发适合天津生态城的光电、风电预报方法；另一方面，开发可再生能源预报预警支持综合系统平台软件，开展对气象信息的监测和对风电、光伏运行状况的监测，实现短期、超短期预测功能。

目前，滨海新区气象局已在生态城建成太阳辐射监测站，实时开展监测数据的累计和共享。滨海新区气象局副总工程师沈岳峰说："通过项目建设，我局建立了满足生态城再生能源系统利用的'生态城光伏发电功率预测预报系统'及'风电功率预报预测系统'，每天为生态城能源投资建设有限公司提供逐小时的辐照度、风向风速、光伏发电功率短期和超短期预报以及风电功率短期和超短期预报，满足了生态城能源公司对于不同时效预报的需求。"

加入“绿活族”，从这里开始

成为“绿活族”，把自己的生活全面包装成绿色，让人心向往之，天津泰达低碳经济促进中心的“绿活馆”为此提供了样本。

在这个馆里，将三个塑料瓶加工处理做成的T恤、用玉米做成的杯子和勺子、把纸箱压实做成的凳子、用废油渣做成的清洁剂……悉数登场。

敲敲五颜六色的杯勺，发出的是清脆响声。“这真是咱平时吃的玉米做的？不是塑料的？”面对这样的疑问，馆里的工作人员已释疑无数次，直到你点头称是、叹服于眼前所见。

左：绿活馆里出售的宝宝餐具和水杯等是用玉米原料制成
右上：记者采访泰达低碳经济促进中心企业服务部副部长胡若丝
右下：绿活馆一角
张妍/摄影

绿活馆正不断进行推广，目前网络粉丝数量已达3000余人。通过一个馆，推广的是绿色环保理念，这才是真正的辐射作用。“这种辐射作用主要靠平时下功夫，比如我们会在企业的‘环境月’、学校的‘科普周’进行环保理念的宣传传播。”工作人员告诉我们，作为国有性质的单位，天津泰达低碳经济促进中心虽然是公司建制，但属于事业单位运营管理，是一个非营利性的国际对接平台，它的环保理念和项目更体现出“去功利化”色彩。

在绿色发展道路中会出现一些问题，比如国家对节能环保有非常严格的要求，企业感受到压力后需做出自我改变，但并不知道如何去改、拿什么技术去改；同时，国内或国外一些技术供应商非常看好天津的市场，认为很多工业企业需做节能性改善，但是企业主并不知通过什么途径来获取信息，如此，便产生了供需不对称的问题。天津泰达低碳经济促进中心便应运而生，致力于解决政府与企业、企业与企业之间供需信息不对称的问题，为低碳发展提供咨询服务。

“我们从‘产业共生’的角度来举例，比如一家企业排放的废弃物，也许可以做另一家企业的原材料。我们寻找的就是这样的对接机会，一方面帮助排放废弃物的企业减少废弃物处理的成本，一方面帮助另一家企业减少原材料购买成本。”泰达低碳经济促进中心企业服务部副部长胡若丝告诉我们，这种模式运作下来，为各类企业增加的营业额已达7300万元。在泰达低碳经济促进中心的2015年“大事记”中，除了公益培训，纳入坐标性记载的，还有以节能环保为主题的商务对接会、以能源日为主题的活动、低碳微课堂科普宣教活动等。而一下便能抓住人心的绿活馆，为方便更多人加入“绿活族”去践行低碳生活，已正式开通“绿活商城”微信版。

气象研究“献计”城市建筑节能

如果你认为城市建筑节能只是建筑学家和建材科学家的“活儿”，那可就大错特错了。如今，我国的气象专家们也在为此出谋划策。

“气候变化对城市建筑能耗的影响及对策研究”项目已在天津市气象局展开，那里的气象专家们试图建立气候变化对建筑能耗影响评估模型的方法，分析气候变化对建筑节能用气象参数和建筑能耗的影响，从建筑设计和运行两个方面为节能减排献计献策。

建筑能耗“因气象而动”

建筑能耗与气象关系密切，一栋建筑从设计到使用是否节能，气象都起着关键性作用，室外气象参数直接决定着冬季供暖、夏季制冷能源消耗量。我国现行的建筑节能设计标准都是基于1970—2000年作为统计期的历史气象数据计算制订的，这些气象数据已不能代表当前气候的状况及未来气候发展趋势。

“在气候变化的大背景下，建筑节能计算用气象参数发生了明显变化，同时城市‘热岛效应’加剧了这些气象参数的变化。”该项目负责人、天津市气候中心副主任郭军对《中国科学报》记者说。

郭军举例说：“随着冬季平均气温的逐步升高，如果室外温度上升1.0 ℃，能源消耗需求就会相应减少约2.9%，但是按照目前的采暖期供暖标准，并没有考虑气候变暖的因素，显然会令能源产生浪费。”

与此同时，气候变化也使夏季制冷期的能耗需求上升，且气象参数还会随着气候变化而继续改变，这对空调系统选型和运行安全也会产生一定影响，从而影响建筑节能整体效能。

定量评估科学实用

“我们通过定量评估气候变化和‘热岛’对气象参数及能耗影响，计算设计负荷，得出如果建筑在设计、运行时考虑气候变化因素

天津市气候中心副主任郭军
庄白羽/摄影

天津市气候中心副主任李明财
庄白羽/摄影

采暖，具有采暖总能耗3%～5%的气象节能潜力。”天津气候中心副主任李明财对记者说。

研究方法上，通过与天津大学等高校和科研机构合作，项目组先是用软件进行模拟，再用理论算法推演，算完之后开展理论应用。他们从北到南选取了哈尔滨、天津、上海、广州、昆明5个代表城市做气候区，将研究对象细分为居住建筑和公共建筑，居住建筑又选择了第一步节能、第二步节能和第三步节能建筑，公共建筑选取了商场、办公楼和场馆类建筑等，利用国际通用的TRNSYS（瞬时能耗模拟程序）模拟了各种建筑物逐小时采暖和制冷能耗。

“在能耗模拟程序软件中输入针对某栋大楼的建筑参数、传热系数等一系列固定参数，然后输入室外气象参数，通过软件的运行模拟，输出的就是理论能耗。”

李明财表示，软件模拟的是假定的建筑，存在一定的误差，还需用实测的数据进行校正。通过对各类建筑温湿度、供回水温度及流量等的实际监测，得出符合实际能耗情况的结论。

“该方法不但考虑了多种气象要素对城市建筑的影响，而且考虑了围护结构、通风性能、朝向等建筑参数影响。”李明财进一步解释，该研究与以往研究相比，不但比仅基于气温计算而得的数据更加准确，而且不考虑经济和人为因素的影响，更为客观地反映了气候变化的影响，研究成果更具有实用性和可操作性。

建筑节能对策得当

据统计，我国每年新增建筑面积达到18亿~20亿平方米，建筑能耗占社会终端能源总消耗的比例约为30%。随着城市化水平的提高，建筑能耗占比将进一步增加，而城市“热岛效应”愈加明显，城区与郊区、远郊及农村气候差异的加大，则进一步增加了节能气象研究与技术应用的潜力。

“在完成了气候变化对城市建筑能耗影响分析的前提下，我们对建筑节能手段给出了相应对策。”李明财认为，一是在建筑节能设计时，应根据当前及未来气候条件设定相应的气象参数；二是应改造、提升建筑物的围护结构，注意提升在窗户、幕墙等建造过程中围护结构的整体保温性能，以达到降低建筑能耗对气候变化敏感性的目的；三是应重视自然通风，并将其视为最为有效的建筑节能技术之一，在今后的设计过程中充分考虑自然通风的因素，从而避免不必要的投资浪费。

“气候变化已是不争的事实，我们要利用现有的技术手段，不断提升应对气候变化的能力，为城市建筑节能、实现能源可持续发展提供有价值的参考信息。”郭军说。

绿镜头·发现中国
——走进天津

第四章
津上直沽
——宝贵湿地生态资源

天津市北大港湿地红草滩秋色
马井生/摄影

天津，别名有直沽、津沽之称，而天津人都知道，天津还有“七十二沽”之称。顾名思义，“沽”为洼淀地、水泽地、入海地的意思，由天津的得名可以看出，天津自古便与湿地结缘。

据史书记载，天津的湿地成因可追溯到6000～8000年以前，那时候天津的近郊地区还是一片汪洋水面，后来由于地壳变动和气候变迁，海水大幅度退缩，便露出陆地，住上人家，形成城池。天津古城池原是古黄河与海河的入渤海之地，古黄河曾3次流经天津地区：分别在商、汉与宋金时期经天津界河入海。天津就这样在海面回降和黄河入海泥沙冲击造陆的相互作用下，出现了以七里海、黄庄洼、团泊洼为代表的一系列湿地。

北大港湿地
——挑剔鸟儿的中意之地

鸟的细微举动，在高倍望远镜下纤毫毕现。天津北大港湿地（简称湿地）自然保护区管理中心野生动物监管科的姚庆峰从事这份职业已近四年。他手里经常拿着一只高倍望远镜观察这些鲜活的生命，将自己融于这水天相接的大美生态中。

2013年的寒冬，他和同事在一次巡护中看到湿地的另一头有两个黑点，用望远镜对准一看，才看清是两只受伤的大雁。水很凉，齐腰深，冰却很薄，人走一步，冰碎一片。姚庆峰拿着竹竿，涉水走向对面，将两只大雁抱了回来。他说，也许是他们对湿地环境不遗余力的保护行为，让鸟在这个地方有了安全感。“以前的鸟没那么多，现在越来越多了，尤其是东方白鹳。”他给出了数据，“大前年，这里的东方白鹳有800多只，前年900多只，去年有1160只，在逐年增加。”到了附近的观鸟屋后，他又给出了数据，“天鹅和人之间的距离，由原来的20米缩短到了15米，我们的目标是能实现‘零距离’。人把自然环境保护好了，动物可能自然而然就不怕人了。”

姚庆峰（左二）与同事们在北大港湿地查看鸟儿情况
北大港湿地自然保护区管理中心/供图

上：白鹤之舞
下：白鹭飞
马井生 / 摄影

总面积34887公顷的北大港湿地自然保护区，在这个季节似乎略显冷清。环视周遭，鸟类并不多。并非它们不青睐此地，而是时节未到。世界八大候鸟迁徙主要通道之一的“东亚——澳大利亚”路线途经此地。湿地管理中心办公室主任吴鹏告诉记者，这些鸟对环境很挑剔，如果生态指标达不到要求，它们会另择他地。北大港湿地是被“挑中”的“好地方”。作为天津面积最大的湿地自然保护区，北大港湿地具有生物多样性丰富、生态系统完整的典型特征，有记录来此迁徙栖息的候鸟249种，其天然性、原始性、独特性和不可替代性，在我国东部沿海乃至太平洋西岸都位居前列。

北大港湿地管理中心办公室主任吴鹏接受记者采访

庄白羽/摄影

上：北大港湿地自然景观
下：北大港湿地夕阳西下时的美景
马井生／摄影

东方白鹳
马井生/摄影

“全世界的东方白鹳有3000余只，咱们湿地去年（2015年）就发现了1000余只，差不多占了1/3。每年，有近百万只候鸟在这里停歇。在开发方面，我们更注重控制性开发，保持湿地的原真性。”吴鹏说，保护好这块湿地，形成示范效应，对于建设“美丽天津”具有重要意义。较高的站位，反而让湿地里的工作者放低姿态，从鸟的心理出发，探寻它们的需求。比如有的鸟类喜欢植被，他们就再给它种点植被；有的鸟更喜欢小岛，就给它建起岛状的格局。

当前，以人与自然和谐相处为主旨、以鸟类保护为核心、以湿地保护为重点、以观鸟保护为特色的这一国家公园的建设，还在做着总体规划：投资800万元，实施天津北大港湿地与野生动物保护工程，建设多个监测站点、瞭望塔，第一批数字化湿地监控系统已投入使用；投资300万元，实施天津市北大港湿地保护与恢复建设一期工程，完成部分界碑、界桩、指示牌、警示牌、标志牌埋设工作；实施480亩芦苇恢复项目，多部门协作实现东方白鹳人工干预筑巢；生态补水333万立方米，湿地生境持续改善，整体生态系统结构进一步优化。湿地工作人员也会和周边村庄里的居民聊天，以通俗易懂的方式讲解湿地的重要性，增强他们保护生态环境的意识和法律意识，并纠正他们的不良行为："麻雀小不小？一只很小。但只要你捕20只，就可能判三年以下有期徒刑，被拘役、管制并处罚金；你要打了50只，就是五年以上、十年以下有期徒刑。"类似的方式，让村民脑子里的弦越来越紧、让周边餐馆餐桌上的野味越来越少。

左：天鹅
右：黑颈䴙䴘
马井生 / 摄影

白尾鹞回眸

马井生 / 摄影

湿地管理中心还聘用了52名业余巡护员，对湿地进行整体的巡护。吴鹏坦言，因为湿地面积大，管理难度还是很大的。此前，天津市出台了《天津市湿地保护条例》，滨海新区制定了《北大港湿地自然保护区管理办法》，在政府和部门职责、保护区建设管理、生态补偿等方面进行了强化，但很多工作仍需一步一步推进。

盛夏时节，站在北大港湿地，天气凉爽，海风徐徐吹来。湿地周边气温比同纬度的其他地区低2～3 ℃，空气湿度比远离湿地的其他地区高5%～20%以上。与我们同行的中国气象局公共气象服务中心正研级高工朱定真说，水体对一个地方的温度、湿度都具有调节作用。如果对湿地生态系统悉心、科学地保护，湿地面积也会扩大，对下游地区的湿度、温度调节能力更佳。

东方白鹳下榻天津市区筑巢育雏纪实

2016年早春的3月6日，在天津市南开区南翠屏公园的揽翠亭上空，两只东方白鹳在高空盘旋，一周后竟在市区动物园鸟语林顶筑巢。

东方白鹳属于大型涉禽候鸟，属国家一级保护鸟类。这两只东方白鹳在我国长江口及以南地区的湿地越冬，开春后，沿海岸线从南向北飞，迁徙到华北（天津大港一带的湿地）、东北（獾子洞国家湿地公园）甚至远东地区，繁育后代。而在长途迁徙途中，路过天津市

两只东方白鹳在南翠屏公园的揽翠亭上空盘旋
宛公展/摄影

区，它们看到周边有大片水域，生态环境私密良好，于是选择了高处的、支撑动物园鸟语林网罩的最高一根金属柱顶筑巢。它们能飞到天津市区下榻筑巢，是改革开放30年来的首次，不仅惊动了一些新闻单位追踪报道，吸引了本市许多摄影爱好者在此云集，甚至一些远在北京的摄友也专程开车前来采风，乐此不疲。

两只东方白鹳不断从附近掀来树枝，筑建高高在上的鹳巢。这里视野开阔，能俯视周边的一切，距离拍摄者的拍摄机位（鸟语林门口南侧）大约250米。

两只东方白鹳选择在支撑动物园鸟语林网罩的一根金属柱顶筑巢

宛公展 / 摄影

迁徙途中的东方白鹳下榻天津市区的大幕徐徐拉开，大戏还在后面，摄影师用长焦镜头记录下30年来从未在天津市区出现过的情景。

两只东方白鹳的筑巢生活

宛公展/摄影

筑巢、求爱

3月中下旬—4月初，白鹳选中了鸟语林顶下榻落户（与鹤不同，鹳巢都是筑在大树顶部或住房烟囱顶部的高处），首先是衔枝筑巢。所谓“搭伙过日子，先得有房子”，它们不断衔来粗细不等的树枝树叶等，亲自搭建了一个圆形的类似喜鹊巢的鸟巢，直径大约两米，可以同时卧下两只大鸟。

两只东方白鹳不断衔来树枝筑起爱巢

宛公展 / 摄影

东方白鹳筑巢之余，不时表演求爱的舞蹈，这是它们一生中最美好难忘的时刻

宛公展／摄影

产卵、孵卵

东方白鹳产卵后，开始了辛苦的孵化，该阶段从3月下旬—4月初开始，经历31～34天。通常夫妻轮流孵化。不孵卵的，左右陪伴，间或离巢觅食。阳光强烈时，就展开翅膀为鸟卵遮阴。

这对东方白鹳夫妻产卵后，开始了辛苦的孵化
宛公展／摄影

孵卵时，尽管它们高高在上，倒也不孤单寂寞。不时有邻居（海鸥等）过来造访问候。一次碰巧，一架“波音777”客机过顶，掠过鹳巢，引起一阵骚动。

海鸥造访，客机过顶
宛公展/摄影

雏鸟问世

“吸日月之精华，取天地之灵气”，经历大约一个多月，到立夏节气，从地面可以观测到鹳巢中先后有两只小宝宝露头，来到了这个陌生的世界。

初始时，幼鸟很脆弱，成鸟不时用身体和翅膀，为它们遮阳挡风雨。

两只幼鸟诞生，成鸟不时用身体和翅膀保护，并喂食幼鸟

宛公展 / 摄影

另一对东方白鹳也想到此筑巢
宛公展/摄影

值得一提的是，就在这两只成鸟孵卵的后期，拍摄者还拍到了另外一对东方白鹳，它们也想到此地筑巢。其中一只先飞来“踩点”，不断地围绕着鸟语林大棚，盘旋、低飞，甚至与先来的白鹳擦肩掠过。可惜，资源有限，一山不容二虎，大自然也有“先来后到”的潜规则，“第三者”遭到前者的“白眼”后，便知趣地飞走了。

成鸟轮流保护幼鸟，并为它们寻找食物

宛公展 / 摄影

幼鸟成长

东方白鹳属于“晚成鸟”。晚成鸟是指在出雏后到能自己飞行前这段时间，需靠双亲喂养。在双亲的精心呵护下，小白鹳生长发育很快。

接下来一幅，是“48日龄”幼鸟与双亲的“全家福照片”，小鹳已经长大了许多。通常，雌雄成鸟总是轮流外出觅食，巢中必留守一只成鸟看护幼鸟。外出觅食的成鸟，清晨很早离巢，飞到远处鱼虾丰盈的水域水面，涉水捕捞小鱼小虾，先囫囵吞咽到胃里，装满了，飞回鹳巢，吐出来饲喂幼鸟。

幼鸟慢慢长大
宛公展/摄影

之后，大鸟还会到附近水面吸取一些清水喂给幼鸟喝，刚刚饲喂完毕便马上飞走，因为还要准备下一餐。

现在的幼鸟，食量很大，所谓“半大小子，吃死老子”。为了获取更多的食物，成鸟有时双双离巢觅食。此时，幼鸟羽毛慢慢丰满、翅膀变硬，身量也接近了父母。稍大的一只幼鸟，翼展可达2米，与鹳巢直径相当了，它们多么渴望早日离巢飞向蓝天。

离巢在即

在天津动物园筑巢的东方白鹳一家，可谓命运多舛。先是5月3日，雌鸟外出捕食时不幸右腿受伤。它仍然不顾伤痛，继续为孩子觅食，随后腿伤逐渐自愈。6月15日下午，雌鸟外出后再也没见回来。据介绍，一般情况下，东方白鹳在哺育幼鸟过程中是不会长时间不回巢的，这只雌性东方白鹳可能是发生了意外。孩子们只能在巢中焦急地期盼。

现在，抚育幼鸟的任务完全落在了雄鸟身上，它只能独自承担了。好在爸爸尽职尽责，继续觅食饲喂幼鸟。就在幼鸟焦急等待中，也有花絮，这不，一架直升机闯入驻地领空，引起幼鸟关注。

临近离巢的日子，幼鸟心情难免躁动不安，好生羡慕天空中翱翔的群鸽。

两只幼鸟初长成并期待着自由飞翔

宛公展／摄影

两只小东方白鹳原地练飞
宛公展 / 摄影

不过，“临渊羡鱼不如退而结网”。于是，小东方白鹳将鹳巢当成了蹦蹦床，在一阵风儿的吹拂鼓励下，原地练起了弹跳、扇翅、模拟飞翔。

幼鸟的成长不会一帆风顺。剧情又有了新的变化，那只体量较大、较活泼的幼鸟，实在耐不住寂寞，7月6日那天，趁雄鸟外出觅食，在巢里跳着跳着，在最高处扇动翅膀，居然被劲风吹离了鹳巢，又遇到上升气流，被托上了蓝天。

这下它心慌了，爸爸不在身边，只好信马由缰，听天由命。不曾想，这一起一落，竟先后落到天津大学天南楼前和南开区长江道的保利国际广场大厅。为使它免受意外伤害，津城多个部门衔接、连夜营救、警民联手展开了一场护鸟的“爱心接力”。最后，这只在天津市区出生长大的小东方白鹳，安然无恙地被暂时寄养在天津市野生动物保护协会，又有了快乐的“新巢”。

鹳巢中剩下的另一只幼鸟，雄鸟间或送食照顾，闲下来时，它就练习飞行。笔者在7月10—16日还多次见到了它，在鸟语林不同的柱顶和鹳巢之间飞来飞去。

离巢的日子终于到了，7月17日以后，再遥望鸟语林顶的白鹳鸟巢时，那里已经空空如也，不免心中若有所失。不消说，真的是“凤去楼空”了。

鸟语林顶白鹳游，鹳去巢空白云悠；来年九尽春来日，再赴津门会朋友。

东方白鹳游弋盘旋在鸟语林高空
宛公展 / 摄影

请看这最后一只流连的东方白鹳，游弋盘旋在鸟语林高空，恋恋不舍离去的倩影。

欢迎明年开春，不，是年年开春，美丽的东方白鹳，像恋家的小燕一样，再来天津动物园鸟语林顶，或塔顶、楼顶、屋顶、烟囱顶……下榻做客！永与我们和谐相处。

后记

随着天津市生态环境的明显改善，我们已经发现居住城市小区、公园及周边的鸟类，愈来愈多了。过去，城市常见当家小鸟只有麻雀。如今，家燕、白头鹎、八哥、戴胜、大斑啄木鸟、珠颈斑鸠、海鸥、鹡鸰、黄苇鳽、黑水鸡等野生小鸟已经不难发现；2016年，连国家一级保护的中华白鹳也飞来市区下榻，可真是一件令人高兴的好事。

东方白鹳是一种非常美丽、端庄、优雅的大鸟。它们在空中飞行时，借助上升气流，不用扇动翅膀，就可在高空盘旋、翱翔，飞姿优美至极，令人永生难忘。在大港湿地拍摄东方白鹳的摄友说，这种大鸟，常成对或成小群漫步在水边或沼泽地上，步履如仙云一般轻盈矫健，时停时走时啄食。停时，单腿或双腿站立于浅水沙滩，颈部缩成漂亮的S形。它们宁静到那种入定的程度，艺术到可以入画的境界，令人叹为观止。

东方白鹳是国家一级重点保护动物，隶属鸟纲鹳形目鹳科，体长约1.2米，翼展近2.2米，除飞羽黑色外，余部体羽白色，喙黑色，眼部裸区和脚为红色，被国际自然保护联盟定为濒危种，目前全球数量已不足4000只。

2016年开春3月初，大批东方白鹳“组团”光临北大港湿地，秋末冬初还会有更多白鹳来此集结。根据2015年11中旬的统计，当年飞抵大港湿地集结，准备一起南下迁徙越冬的中华白鹳已达1332只，也就是说，超过三分之一的东方白鹳都来了咱天津。

天津滨海新区北大港湿地，特别是万亩鱼塘一带，良好的生态环境，年年吸引着大批向北迁飞的候鸟，来此中转下榻繁育，已经成为候鸟的乐园。

七里海湿地
——天津城市之肾

七里海湿地地处天津市东北部，位于宁河县境内，距天津市区30千米，是我国国家级古海岸和湿地保护区的一部分，也是世界上少有的典型古海岸泻湖湿地，是天津良好的天然湿地，也是津京唐三角地带极其难得的一片水泽绿洲，被称为“天津城市之肾”。

中华人民共和国建立初期，七里海总面积达108平方千米，其中前海面积78平方千米，后海面积30平方千米，蓄水位达4.0～4.5米，蓄水量可达3亿多立方米。七里海的水源一是靠天然降雨，二是靠青龙湾河、潮白河的来水。由于近几十年来降水持续减少，加上来水上游大规模修建水利工程、周边开垦农田等人为因素影响，目前七里海湿地面积为8712公顷，核心区4485公顷。

七里海湿地游船

宛公展／摄影

七里海湿地的自然风光
宛公展/摄影

七里海又不是只有七里长，为何叫七里海呢？说起它的名称，当地至今还流传着一个美丽的故事。传说很早以前海里有个水怪，时常兴风作浪，百姓不得安宁。后来在一位白发老者指点下，人们挖了一条大河把水排干，想干死水怪。没了水的水怪横冲直撞，搅得泥沙四溅，人们吓得到处躲藏。这时天空突然炸开一道缝，一头麒麟从中跳出，将水怪制服。此后麒麟吃过的草越长越旺，喝过的水越变越甜，七里海变成了富饶的鱼米之乡。为了纪念麒麟，人们便把这里叫麒麟海，后来叫白了，便成为“七里海”。

七里海湿地属于暖湿带半湿润季风气候，常年平均气温为12.0 ℃，极端最高气温达40.0 ℃，极端最低气温为-22.7 ℃，常年平均降水量约为574.6毫米，常年平均相对湿度达到65%，全年日照时数为2533.6小时。七里海湿地以牡蛎滩、贝壳堤和水库构成三大特色。

3000年来，七里海一直保持着湖泊、沼泽的湿地自然景观，牡蛎滩形成于距今7100～2600年，其规模之壮观，排序之清晰，保存之完好，国内绝无仅有，世界亦属罕见。因此，七里海湿地也作为研究渤海湾古海岸变迁的遗迹而闻名。1992年10月，经国务院批准，七里海湿地被授予“天津古海岸与湿地国家级自然保护区”。

七里海湿地的自然资源非常丰富，由于地势低洼、常年积水，因此芦苇茂密，是天津最大的芦苇产地。由于七里海湿地的环境、水分条件都非常适合芦苇生长，所以这里的芦苇植株高大、生长茂密，形成了郁郁葱葱的“芦苇海”，当夏季来临时，站在高处眺望七里海湿地，微风吹过时，绿波晃动，像海面泛起的碧波般美丽。

七里海湿地廊桥
宛公展／摄影

七里海湿地美景
马成／摄影

同时，七里海湿地空气清新，水质洁净，生物资源也非常丰富，其中生长有林木植被、灌草植被、草甸植被、盐生植被、水生植被等。区内有野大豆、猫眼草、地锦草等多种珍贵保护植物；并有野生动物（包括浮游生物）130余种，其中，东方白鹳、黑鹳、丹顶鹤、大天鹅、鸳鸯、大鸨等20余种属于国家一、二级保护动物。此外，七里海湿地凭借天然的水质和芦苇环境，非常适合鱼、虾、蟹生长，成为天津重要的水产品基地和小站稻基地。

七里海湿地作为“天津城市之肾”，对调节区域小气候、改善京津地区空气质量做出了一定的贡献，并具有京津“城市之肾”之称。

同时，湿地内原生态的自然风光，也为天津这个繁忙的都市营造了一个优雅、安静的栖息地。2012年8月，天津在七里海湿地建成“七里海国家湿地公园”，并对市民开放。作为国家级4A级旅游景区，公园建设重点进行自然资源和生态环境的保护、修复，在不破坏生态环境，不影响物种生存、繁衍的前提下，进行适度生态观赏性开发，充分展示七里海湿地的风光美。游客进入景区后，可在水生植物展示区观赏各类珍贵动物，也可在玫瑰庄园欣赏浪漫花海，还可乘坐中式画舫在万亩芦苇荡内游览观光，可谓是真正实现了人与自然的和谐共处。

团泊湿地
——美丽的候鸟栖息地

矮小而年高的垂柳，用苍绿的叶子抚摸着快熟的庄稼；
密集的芦苇，细心地护卫着脚下偷偷开放的野花。
蝉声消退了，多嘴的麻雀已不在房顶上吱喳；
蛙声停息了，野性的独流减河也不再喧哗。
大雁即将南去，水上默默浮动着白净的野鸭；
秋凉刚刚在这里落脚，暑热还藏在好客的人家。
秋天的团泊洼啊，好像在香矩的梦中睡傻；
团泊洼的秋天啊，犹如少女一般羞羞答答。

这首唯美的诗歌出自著名诗人郭小川之手，诗歌的名字叫《团泊洼的秋天》。是的，这首诗写的就是天津的团泊湿地。

团泊湿地自然区位于天津市区南部，静海区城东，自然区中有团泊洼水库，因清乾隆皇帝曾来此巡游也称作“乾隆湖”。团泊洼景区内芦苇、水草丛生，鸟类众多，各种鸟类多达130多种，是联合国野生珍禽保护区之一，是天津市十大旅游景区之一。著名诗人郭小川、作家吴祖光、漫画家钟灵等知名人士曾在此生活过，郭小川的一首《团泊洼的秋天》，更使这里远近闻名。

而距今8000年前，静海区曾是一片汪洋海侵水域。到西汉末年，静海地区经历了一次灾难性的海侵，当时，今天4米等高线以下地区大都被淹成湿地。到北宋时静海地域仍处于海滨，“一遇浸雨，泛滥成灾，汪洋巨浸”如海，故静海也由此而得名。因此，古代静海区是一个近海与海岸湿地。

团泊湿地是中亚区鸟类南北迁徙必经之路。1985年建立县级鸟类自然保护区，1992年晋升为市级候鸟自然保护区。而保护区内团泊洼水库建于1978年，总面积约6000公顷，蓄水水源来自南运河、大清河及黑龙港河沥水。环境清幽，水域辽阔，水产资源及水生物蕴含极广，盛产鱼、虾、蟹等。团泊洼鸟类自然保护区总面积为60平方千米，其中水面为51平方千米。因其水产资源及水生物如浮游植物、浮游动物、底栖动物、水生管类植物蕴含极广，栖息着40多种珍禽，为各种鸟类的栖息繁衍提供了优越的自然条件。团泊洼鸟类自然保护区鸟类多达科130种，其中有国家一级保护动物：东方白鹳、黑鹳、大鸨、丹顶鹤等7种，二级保护动物：海鸬鹚、大天鹅、疣鼻天鹅、鸳鸯、灰鹤等。每年春秋两季还有成千上万的候鸟在此路过停歇。

天津贝壳堤
——世界著名的三大贝壳堤之一

到过天津的人都知道天津的海鲜好吃，螃蟹、皮皮虾、贝类等味道鲜美。而天津还有一种特殊的海岸地貌，就是由各种贝壳堆积成层，覆盖泥沙形成堤坝，即享誉世界的“天津贝壳堤”，它与美国路易斯安那州贝壳堤、南美苏里南贝壳堤，共称为世界三大贝壳堤。

贝壳堤、牡蛎滩，顾名思义，就是由贝壳及其碎屑混以沙粒组合而成的堤状堆积物。贝壳堤是天津地区特有的地貌，它是几千年来，由海生贝类动物在海潮的推动下，逐渐堆积而成的古渤海岸线的标志，它真实地记录了天津沧海桑田的历史过程。天津贝壳堤是“天津古海岸与湿地国家级自然保护区”的一部分，是古海岸变迁极其珍贵的海洋遗迹，也是海洋、地质、地理等部门和院校研究海岸演变、古气候、古生物、古地理、古环境与湿地生态等学科的重要场所。

天津当地人还把贝壳堤叫“蛤蜊堤”，或叫“沙岭子”。而说到贝壳堤形成的原因，可追溯到距今五千至一万年前发生的全新世海侵，天津平原大部被海水淹没，随着海水涨退的不断冲刷，贝壳聚集，然后海面回降，河流冲积，逐渐才形成陆地。贝壳堤就是在这一历史过程中留下的遗迹，它是天津海岸带颇具特色的海岸地貌类型，反映了自陆向海方向的海岸线变迁。到目前为止，在天津明显的共有三条贝壳堤，大致沿渤海西岸分布。第一堤是北起高上堡，向南经蔡家堡、驴驹河、高沙岭、马棚口至歧口与第二堤会合；第二堤分布于白沙岭、军粮城、泥沽、上古林、歧口、贾家堡、狼坨子一带；第三堤经小王庄、张贵庄、巨葛庄、沙井子、西刘官庄等处。

为何会有三条贝壳堤呢？原来，当海水涨潮时，海水把各类海生贝类动物向海边携运，达到高潮线。而落潮时，海水退去，这些贝壳就滞留在海边上。天长日久，这些贝壳和泥沙不断积多，便成了贝壳堤。而天津是“九河下梢”，海河的入海口，因此，河口处会有大量泥沙不断淤积，久而久之，便会使海岸线逐渐向远离陆地的方向迁移，于是又形成了新的冲积地带，使原来形成的贝壳堤遗留在陆地上。如此反复，这也就成为天津迄今发现三条贝壳堤的原因。

天津贝壳堤堤高0.5～5米，宽几十至几百米，长数十米、上百米或延伸百余千米。其横剖面顶部上凸，两翼减薄到尖灭。据专家考究，天津贝壳堤内所含贝壳种类有：毛蚶、缢蛏、文蛤、蝐螺、扇贝、长牡蛎、近江牡蛎、扁玉螺、竹蛏等十多种，1984年12月被天津市人民政府批建成贝壳堤自然保护区。“天津古海岸与湿地自然保护区”内的贝壳堤、牡蛎礁具有规模大、出露好、连续性强、序列清晰等特点，在中国东部沿海最为典型，甚至在西太平洋沿岸也属罕见。

绿镜头·发现中国
——走进天津

第五章 借力北国风光发展生态旅游

蓟州

蓟州，春秋时期称无终子国，战国后期称无终邑，秦朝属右北平郡，唐朝设蓟州，五代十国时期称渔阳县。明洪武初年（1368年），撤渔阳县入蓟州，辖玉田、丰润、遵化、平谷县，属顺天府。清顺治元年（1644年）称蓟州，辖玉田、丰润、遵化、平谷四县，属顺天府。康熙十六年（1677年）称蓟州，辖玉田、平谷二县。乾隆八年（1743年）称蓟州，不辖县。

1913年，蓟州始称蓟县。1928年，南京政府成立，蓟县隶属河北省。20世纪30年代后期至1945年，因抗日战争需要，蓟县与周边区县先后组建诸多联合县。1946年5月，撤销联合县建制，恢复蓟县建制。1958年11月，蓟县、三河、大厂三县合并，称蓟县。1962年6

梨木台水景观
赵敬波/摄影

于桥水库
王广山/摄影

月，蓟县、三河、大厂三县分开，恢复原蓟县建制，属河北省天津专署。1973年8月，蓟县从河北脱离，归属天津市管辖。2016年7月，经国务院批准，蓟县撤县设区，称蓟州区。

蓟州区东临河北唐山、西襟北京、南联天津、北靠河北承德。截至2015年底，蓟州区下辖26个乡镇、1个街道办事处，常住人口91.4万人，其中农村人口53.5万人，城镇居民37.9万人。

蓟州自然风光秀丽，名胜古迹众多，现已形成盘山、黄崖关长城、中上元古界和八仙山等一批重点旅游景区和度假区。其中，黄崖关长城被列为世界文化遗产，盘山被列为国家5A级风景名胜区，中上元古界被国务院设立为国家级地质公园，八仙山被列为国家级原始次生林自然保护区，九龙山被列为国家森林公园。城区内有国家重点保护的千年古刹独乐寺和白塔寺等文物古迹。特别是历史上众多帝王将相、文人墨客竞游盘山，清乾隆皇帝先后32次巡幸盘山并发出了“早知有盘山，何必下江南”的感叹。

蓟州区生态发展思路

“矿山治理、城乡大绿”是蓟州区“十二五”时期重点生态工程，截至2016年，全区林木绿化率达到51.5%。综合整治大气和水环境，建成垃圾焚烧发电厂，城镇生活垃圾无害化处理率、污水集中处理率达到90%以上，$PM_{2.5}$浓度比2013年下降25%。形成“村收集、镇转运、县处理”的垃圾处理体系，累计创建“清洁村庄”893个、“美丽村庄”359个。

“十三五”时期，蓟州区还将大力建设绿色宜居之城，加快推进资源节约型、环境友好型的社会，打造生态宜居环境，着力推动绿色发展。一是将加强水源保护。强化于桥水库水源保护工程后续治理，推进河口湿地建设，争取到2020年，水质达到或优于Ⅲ类水平。创建州河国家湿地公园，实施河道综合治理和水系连通工程。实现于桥水库北岸污水集中无害处理。城镇生活污水集中处理率达到95%。

二是将实施“大绿工程”。加快推进京津风沙源治理二期工程，实施国家储备林基地建设，推进环城镇、环村庄、沿公路、沿河道、沿轨道的“两环三沿”绿化，营造“大绿大美”的生态空间。统筹推进矿山环境综合治理，推动八仙山区域国家公园建设。到2020年，全区林木绿化率增加到56.5%。

三是将做优农村环境。实施农村生活污水收集处理工程，优化城乡垃圾转运处理体系，运营好大型垃圾焚烧发电厂，生活垃圾无害化处理率达到100%。按照“六化、六有”的标准，新建“美丽村庄”100个。“六化”即道路硬化、街道亮化、能源清洁化、垃圾污水处理无害化、村庄绿化美化、生活健康化；“六有”指要有一个党员活动室(村民学校)、一个文化活动室（农家书屋）、一个便民超市、一个村卫生室、一个村邮站、一个健身广场。

上：蓟州区紫云水岸香草园

下：蓟州区紫云水岸香草园柳叶马鞭草

宛公展／摄影

护好“山水绿”　打造“后花园”

——专访蓟州区区长王洪海

作为京津的“后花园”，蓟州撤县设区后，如何保护好“山、水、绿”好生态，加快建设中等规模现代化旅游城市？记者采访了蓟州区区长王洪海。

蓟州区郭家沟特色旅游村
张静宇/摄影

左：蓟州区九龙山林海
右：蓟州区下营镇常州村多彩新农村
王广山/摄影

王洪海说，生态是蓟州区的看家之宝。干一切事情，都不能以牺牲环境为代价，必须以保护、涵养生态为出发点，力争做到：不人为破坏；发展产业不去破坏；城市建设和基础设施建设不去破坏。只要遵循好这三个原则，就能把老祖宗留下的这块生态，完好地传递给子孙，永续造福子孙。

山是蓟州区的独特资源，一定要保护好。所谓的保护好，就是每一块石头都要保护好。主要是做好两件事：第一件事，过去曾有49个公司进行开矿，大部分山体遭到破坏。近年来，蓟州区政府及有关部门下大功夫，取缔了一些公司，保护了山体。但还有一些不法之徒，盗取山石、破坏山体，我们要出狠招，严厉打击。二是要加快矿山创面的修复。目前，蓟州区已启动了矿山创面修复工程，实施科学修复，全面推进老矿区治理。

有山有水佳天下。蓟州区是生态涵养区和天津市重要的水源地，保护好蓟州区的水资源，既是为天津做贡献，也是为全区百姓负责。保护好于桥水库这个“大水缸”，是天津市委、市政府交给蓟州区的政治任务。保护水，也是为了保护蓟州区的生态，有了良好的生态，才能有发展的资本，才能有全区人民的健康生活。同时，要科学合理地开发地下水，让群众喝上安全的地下水，群众的健康和生活才能有保障，这一点必须做好。此外，还要强化污水的治理，群众的生活污水、产业污水，一定要及时处理、达标排放。

继续在“绿”上下功夫做文章。蓟州区北部山区林木绿化率达到79%，全域的绿化率超过了50%。但是从生态和资源的角度来讲，

蓟州区黄崖关长城壮丽秋色
王广山/摄影

左：蓟州区穿芳峪镇产的李子
右：蓟州区穿芳峪镇产的猕猴桃
宛公展 / 摄影

还要做好三个方面工作：一是山区的护绿，坚定不移地把山区的绿保住，并不断地丰富。二是要充分利用好国家储备林政策，围绕着“两环三沿”的要求进行绿化，利用这个机会在平原和山区、水库南岸、城乡交接的地方做好绿化，一定要把绿、把生态好好地修复。三是城区的增绿工程。城区绿化绿量小，不够丰富，能插绿的地方还很多，因此要合理规划，一定要把城市的绿量增上去。

保护好了山，保护好了水，保护好了绿，自然就保护好了生态。良好的生态决定了旅游是蓟州区的特色和优势，是当地的王牌，蓟州区要靠打造“大旅游升级版”，扩大优势，延长产业链。要提供高端的旅游产品，做强大旅游。目前，蓟州区、平谷、三河、兴隆、遵化正在联合打造京津冀旅游协同发展示范区。在新一轮的打造中，要发挥区域龙头作用，创建全域旅游示范区，成为旅游目的地和集散地。

蓟州区盘山磨盘柿子
闻强／摄影

一年一度的蓟州区“梨园情”旅游文化节成为天津市重要旅游品牌，吸引众多游客参与
李鹏岳／摄影

围绕这一思路，要重点抓好三件事：一是要以科学的规划引领全区旅游业发展。要在对接蓟州区城乡总体规划和“十三五”规划的基础上，紧密结合蓟州区旅游发展实际，尽快编制出全区旅游发展规划，描绘出一张美好的蓝图。要把资源整合在一起，让蓟州区的一草一木，以及“山、水、田、园、城”全部成为发展全区旅游的资源。二是要全面提升旅游产品品质。要满足不同客户端的需求，为他们提供不同档次的旅游产品。特别是要好好研究“农家院”，一定要适度错位发展，引进市场主体，发展高端产品。三是要研究探讨古城的旅游开发。要逐步把老城打造出来，既要保护好现有的寺、庙、鼓楼广场，又要恢复护城河、老城墙等古迹，形成一个封闭的老城，把老城的面貌复原出来，彰显古城风貌，形成集旅游、购物、文化、休闲为一体的古城文化观光区。四是要让城区夜间亮起来。国内旅游城市很少没有夜景灯光的，蓟州区城区恰恰就没有，找不到城市的轮廓，

左：蓟州区第十二届独乐寺庙会精彩的民俗表演吸引了外国友人
右：蓟州区独乐寺庙会开幕
闻强/摄影

因此，马上着手，从鼓楼广场、重点部位、重点道路入手，包括道路两边绿化的组团，先要好好设计，然后马上施工，力争在今年（2016年）国庆时有一个大的变化，然后逐步向全城延伸。

蓟州区不仅仅是天津的蓟州区，也是北京、河北的蓟州区。良好的生态应当让京津冀人民共享。因此，蓟州区应充分抓住京津冀一体化的历史机遇，瞄准全域旅游目标，提升全区公路等级，接好“断头路”，提升本区“毛细血管”功能，高标准建成“智慧交通”。当务之急是要围绕着北京及其周边去做，搞好高速公路的对接，要把京秦高速当作一个重点，积极和周边对接，尽快拉近与北京城区的时空距离，目标是：把北京的路修进蓟州区。要做好省级公路的对接，特别要做好轨道交通的对接。高速公路进来，高速铁路再进来，那个时候，蓟州区就真的融入首都经济圈了。

《天津日报》记者：李玉峰　杜洋洋

蓟州新城

王广山 / 摄影

给矿区披绿衣

——是经验也是教训

“这三座小山头本来是连在一起的。”站在天津蓟州区一处矿区前，天津广成投资集团有限公司副总经理金亚利指着面前三座山头，有丝无奈。

采访天津广成投资集团有限公司副总经理金亚利

郭玲 / 摄影

自20世纪60年代起，这里的采矿业兴起，盛产白云石。蓟州区很快成为天津建材基地。几十年过去，很多大山都像眼前这几座一样，被挖得只剩下分散的小丘，庄稼、树木都总是蒙着一层白灰，一下暴雨，山脚下的村庄就面临滑坡的威胁。

直到2008年，在经历了北部山区几次滑坡事件后，当地政府意识到生态已经遭到严重破坏，关停了矿区。尽管如此，矿山创面灰色岩石裸露，生态破坏留下了伤口。全县54处矿山创面，面积达909万平方米。

2013年起，金亚利开始频繁出入矿区。采矿场内推土机、装卸机来回穿梭，冷清了几年的矿区又热闹起来。但与以往不同的是，这繁忙的景象不再是开采建筑石料，而是正在进行矿区生态修复，要为这些因开采而裸露的山体重新披上绿衣。作为美丽天津的一项内容，市国土房管局和蓟州区政府联合启动蓟州区矿山地质环境综合治理示范工程，一期计划实施8个矿区的综合治理工作。

金亚利正是这项工作的负责人。但破坏容易修复难，何况是日积月累破坏了半个世纪。修复创面需要填上泥土、种上树木，而光秃秃的岩石是填不上泥土的。于是，项目决定把创面改成梯形。地质科学家们前来勘探，根据坡面斜度、危岩状况等，确定挖多宽、多高，金亚利再组织施工。

左侧治理后的矿山与右后侧待治理的矿山形成鲜明对比

郭玲／摄影

蓟州区投入大量人力、物力实施绿化美化工程建设
付志鸿/摄影

“难。”金亚利指着陡峭的山头，“为了不再破坏生态，不能用炸药，只能让挖掘机开上山头，一点点挖。”这项工作甚至比开采矿石危险得多。

近三年过去了，眼前这三座小山头已经修复了一半。其中一座在2016年初利用团粒喷播植被恢复技术，植被已经长到一人高。另一座已经完成尾矿堆、矿坑等削高填低工作，挖掘机的车痕清晰可见。还有一座创面并不太陡峭的山头则作为警示物，保留原样，向后人诉说生态破坏的恶果。

金亚利走访过当地的村民。矿停了，经济转型了，矿区的人们很高兴。多年前，果树授粉都被尘土覆盖，坐果率特别低。相比一棵树高产时，能结七八框果，如果授粉情况差，可能只有半框。因此，以前以矿业为主，小部分人富裕，大部分人依然贫困。并且，人们会生活在滑坡等灾害隐患的恐惧中。

蓟州区关停矿区并没有出现人们担心的经济回落。蓟州区以“生态立区、工业强区、旅游兴区”为长期发展战略，修复山体生态的同时开发出自然生态游、山乡风情游等特色系列旅游品牌，旅游业正以每年24%的速度增长，吸引了大批游客。

中国气象局公共气象服务中心正研级高工朱定真认为，对大自然的一点破坏都可能带来意想不到的后果。矿山也是如此，削去一座山头，使得局地风力有所改变，小气候改变会影响人们的生产生活。

尽管生态修复能够恢复大山的生态功能，但地形地貌却永久地改变了。而且，修复过程只有经历过的人才知道——那些强制矿场关停的日子、那些等待区政府筹集足够资金投入工程的日子、那些在悬崖边上作业的日子，都让蓟州区铭记。这些日子，代价太沉重，是经验，也是教训。

为乡村插上绿色的翅膀

碧绿的荷叶接天蔽日、一簇簇芦苇亭亭而立，清澈的河水围绕村庄蜿蜒而过……2016年7月18日，“绿镜头·发现中国”采访团队来到天津蓟州区穿芳峪镇大巨各庄村，被眼前宛如江南水乡般的景象惊呆了。

蓟州区小穿芳峪村乡野公园
闻强/摄影

在村外不远处，一座美轮美奂的花园——紫云水岸香草园更加吸引人。这里种植着各式各样的薰衣草，漫步其中仿佛置身于花的海洋。花园里不时有游客驻足赏花，甚至有情侣在此拍摄婚纱照。大巨各庄村位于白庄子湿地，其南部濒临天津重要的水源地——于桥水库。21世纪以来，在市场经济的影响下，大巨各庄村村民利用该村独特的湿地条件，开展水产养殖。养殖业的发展最终使于桥水库遭受污染。从2010年开始，天津市政府开始对于桥水库周边湿地环境进行治理，包括把村民从湿地附近搬迁出去，特别是对养殖业进行了大清除。

“养殖业被清除后，人多地少的矛盾凸现出来，很多人迫于生计出去打工，人心也有些涣散。”回忆起前几年的情形，大巨各庄村支部书记孟学军如此说。

采访蓟州区大巨各庄村支部书记孟学军
庄白羽/摄影

蓟州区紫云水岸香草园
宛公展／摄影

如何既保护于桥水库周边的生态环境，又能使村民的口袋鼓起来？大巨各庄村支书孟学军下定决心，将自己经营企业赚的钱毫不吝啬地投到了乡村建设。

为了保护湿地环境，2012—2013年，村委会先后投资100万元，栽种芦苇300亩、荷花1500余亩，极大地改善了湿地生态环境，水库水质也随之明显改善。养殖污染解决了，村民的生活垃圾污染怎么办？在孟学军的带领下，大巨各庄村建立了污水处理厂，挖出排水沟渠2000米，使村民的生活污水、灌溉废水排放有序、回收有地、处理有法。

2015年，土地流转政策实施，孟学军带领村委会投资将村民的土地集中起来，建设了面积400亩的薰衣草庄园，开展农村休闲观光旅游。

薰衣草庄园利用猪粪、牛粪、香油渣做肥料，不使用化肥，对湿地环境不会产生影响。为了倾心打造乡村旅游，孟学军对护村河进行改造，栽种大量的荷花、芦苇和香蒲，清除河道淤泥，建立闭

蓟州区穿芳峪镇黑心菊
宛公展/摄影

合的水道景观，生活污水经过除污后，再通过河道生态系统进一步净化。“我们的目标是净化水、保障水、保生态，不使一滴污水排到水库。”孟学军强调。

现如今，大巨各庄村的天更蓝了，水更清了，村容村貌发生了翻天覆地的变化，俨然成为一个乡村旅游的理想之地。2015年，紫云水岸香草园（以下简称香草园）开放仅两个月，客流量就达到了10万。

大巨各庄村村民以土地入股香草园，平时在庄园工作，年底还能分红。“集体经济壮大了，村民收入提高了，人们也更加团结稳定了。”孟学军自豪地说。

“以前没活干，现在在香草庄园工作每月能挣几千块钱。”40岁的村民王月春十分满意。

“我们想把这些荷叶晒干，做成降血压茶。”指着池塘中翠绿的荷叶，孟学军又有了新点子。

能人治村，落后村变明星村

天津市蓟州区穿芳峪镇小穿芳峪村党支部书记孟凡全名片上没有其他头衔，书记职位、姓名、地址、电话，简简单单，背面却印满了小穿芳峪村的介绍。“厚厚的乡情，浓浓的野趣”，名片上写道。即便不看介绍，小穿芳峪村也已小有名气了。

2012年，蓟州区实施的“能人治村”推广到小穿芳峪村，长期在外承包园林绿化工程的孟凡全回乡，他作为“能人”被选为村党支部书记。从老板变成书记，上任时，孟凡全把名字中原先的“权”字改成“全”。“一定要全心全意带领乡亲脱贫致富。”他想。

孟凡全8岁从邻村来到小穿芳峪村，慢慢学好手艺当上了花匠，在外打拼多年有了一番事业。但他年近半百回村时，小穿芳峪村依旧和曾经一样，是个穷村。

这里地处山区，交通闭塞，村民在山坡上刨地种粮，一度贫困。吃不好饭的村民更没有生态保护的意识，垃圾、污水全往河里倒。虽然自蓟州区大力发展生态旅游以来，小穿芳峪村也陆陆续续开起一些农家院，但不成规模。

实际上，小穿芳峪村有山场200亩，森林茂密、景色宜人，是一个天然氧吧，周边也有很多景点，适合发展山村休闲旅游。于是孟凡全干了几件事，他自掏腰包为村民修上了新马路，竖起了新路灯；将村里所有土地流转到村集体；成立旅游服务中心，加强“我行我素发展中的农家院”的顶层设计，变成有质量的乡村游。“乡村游也要讲究舒适度，要有一套新的运作模式才能更有特色，并且帮助村民致富。”他将当地乡村游定位放在了中高端收入人群上。

经过3年建设，小穿芳峪村假日酒店式经营已经成为蓟州区旅游的一种新模式、一张名片，慕名而来的人越来越多。来小穿芳峪村旅游要住三夜，第一夜住四合院，全村目前建有11家，一户10人住的四合院会员价3200元；第二夜住乡间小屋，早上会被鸟儿叫醒；第三夜住窑洞，这些窑洞原先是砖厂废弃地，高低错落，如果恢复成农田需要花大力气，于是它们顺势被改成乡间旅游体验地。

蓟州区小穿芳峪村
闻强/摄影

上：蓟州区小穿芳峪村乡野公园

闻强 / 摄影

下：蓟州区穿芳峪镇猫头鹰雏鸟

宛公展 / 摄影

这里河水清澈，绿意盎然，树屋、小桥、铜牛吸引周边很多人前来写生。村民还按照老人们的记忆，恢复重建了陶氏作坊抗战联络站，再现了冀东军区第十三军分区抗日战争时期曾在这里建立联络站的情景。

孟凡全很自豪："全村人均增收已经达到4200元。"但他还有个"小穿梦"，生态旅游规模有序扩大，奋斗三年，村民年收入目标6.6万元。

蓟州区作为天津唯一的山区，山村乡亲饮水问题、城乡居民就医问题、库区移民增收问题成为每位干部的必答题。生态是一条好路子，"能人治村"则是好方法。

很多"能人"都有事业基础或经商经验，具有敏锐的市场眼光和广阔的信息渠道。让他们在村里担任村书记，发挥自身优势，通过招商引资、土地流转、参股合作等方式，能够发展壮大村级集体经济。他们也懂经营、善管理，能够提升村务管理规范化水平，增加农民收入，正如在孟凡全的带领下，小穿芳峪村从落后山村变为了乡村游明星村。

蓟州区气象局多举措助力打造生态文明旅游区

蓟州区位于天津北部，号称“京津后花园”，旅游资源十分丰富，每年都要接待大量来自全国各地的游客，蓟州区委、区政府已致力于把蓟州区打造成“中等规模现代化旅游城市”。同时它也是天津市唯一的山区，又素有“天津后花园、大水缸”之称，被列为全国生态示范县和全国首家绿色食品示范区。多年来，蓟州区气象局充分结合本区定位，加强生态文明建设气象服务，为生态文明旅游县建设保驾护航。

多途径广泛服务生态旅游发展

目前，蓟州区气象局与区新闻中心签订合作协议，在蓟州区电视台两个频道制播天气预报节目，并特别开展了主要旅游景区天气预报服务，方便景区管理者安排接待事宜，参观者合理安排行程。2013年，蓟州（原蓟县）区气象局通过区县专项项目，对旅游景区温度预报方法进行了改进，开发出“蓟县旅游景区温度订正预报平台”，并一直应用于旅游预报服务中。近年来，区气象局还与电视台合作制作“气象驿站”节目，对一些重要活动、重要天气过程、天气发展趋势等做出重点提醒，定期在电视台播报。

蓟州区气象局局长张殿江介绍说：“遇有暴雨、雷暴大风等重大天气过程，蓟州区气象台将及时发布预警信号，对影响较大的山区各乡镇、旅游景区管理局等各相关部门做出特别提示，提醒其做好应对

蓟州区气象局为乡村安装气象信息大喇叭
蓟州区气象局／供图

准备工作，政府和旅游管理部门将根据气象局的预警视情况采取安排游客转移、关闭景区等措施。”

凡遇节假日，蓟州区气象台还会制作专题气象服务产品，通过政府办公网络、短信、电话、微信、微博等形式为政府部门、景区管理部门提供专题服务。同时，蓟州区气象台还为蓟州区的春季梨花节、桃花节、金秋采摘节、盘山登山比赛、盘山攀岩比赛、天下盘山大型实景演出、长城国际马拉松大赛等提供专题、专项服务。2013—2016年，蓟州区气象台每年均开展梨花盛花期预测的专题服务，四年来精准的花期预报得到了区领导的表扬。

蓟州区气象局在穿芳峪镇毛家峪村安装的负氧离子观测站
蓟州区气象局 / 供图

部门联动加强地质灾害防御

蓟州区山区有着得天独厚的旅游资源，但同时，山区地质灾害也为山区百姓生活以及旅游人员出行带来安全隐患。暴雨、冰雹等气象灾害，以及山体滑坡、泥石流等气象衍生地质灾害都威胁着山区群众和旅游者的生命财产安全。因此，地质灾害风险预警服务是蓟州区气象服务中的重要任务之一。

近几年，蓟州区气象局与县地矿局加强合作，实现了天气信息与地质灾害隐患信息共享，凡遇暴雨、连阴雨等重大天气过程，区气象台将及时为政府、地矿部门提供《重要天气报告》《地质灾害风险预

左：蓟州区每年都会组织开展地质灾害联防应急演练
右：天津市气象局党组副书记、副局长关福来（左二）
参加蓟州区气象局地质灾害联防应急演练
蓟州区气象局/供图

警产品》《雨情公报》等信息，商讨应对措施，共同做好地质灾害防御及灾害调查收集工作，必要时政府会根据气象等部门的意见采取关闭部分景区的措施，最大限度地保障人民群众生命财产安全。

为进一步扩大气象预警信息传布的范围，区气象局通过气象预警大喇叭“村村响”项目建设，实现了预警大喇叭的镇乡村全覆盖，并与相关部门实现显示屏合作共用、资源共享。张殿江说：“我们在毛家峪旅游特色村建设了多媒体LED电子显示屏，与盘山多媒体LED电子显示屏合作发布气象预报预警信息。在盘山、长城、八仙山管理局或售票大厅、部分农业采摘园区建设了LCD多媒体显示屏并开展服务。还在毛家峪村安装了负氧离子监测仪器，服务于空气环境保护和旅游。”

做好森林防火、水库防汛专项服务

蓟州区山区林业资源丰富，是旅游发展的重要吸引元素，但林区面积较大，全年降水量在全市为最少，也是天津森林防火重点地区。近年来，随着封山育林、京津风沙治理等工程项目的实施，蓟州区山区森林资源得到迅速扩大，林下可燃物剧增，森林火险等级进一步升高，更是给森林防火工作带来了严峻的考验。

蓟州区人工影响天气办公室抓住时机
开展人工增雨作业
蓟州区气象局/供图

蓟州区气象局参加森林火灾应急演练
蓟州区气象局/供图

张殿江局长说："森林防火气象服务一直都是区气象局的服务重点，从2008年开始，我们就积极与区森林防火办公室（以下简称森防办）密切配合，建立联防机制，专门成立了森林防火气象服务领导小组，积极为森林防火做好气象保障。"蓟州区气象局与区林业局积极合作，联合开展森林防火和飞机治虫工作，每年配合完成林业防火演练。此外，蓟州区气象局专门研制开发了"蓟州区森林火险等级预警系统"，该系统能根据未来24小时最高气温、相对湿度、风力、降水量、植被或积雪量以及连续无降水日数等要素，自动生成包括“火险指数、火险等级、危险程度、易燃程度、蔓延程度以及相应建议”在内的森林火险等级预报服务产品。

火险较高季节，区气象局每天为林业部门提供天气服务、林业火险等级服务，并为森林火灾扑救提供现场气象服务保障。同时，蓟州区气象局与区林业局签署协议，协助林业局开展烟炉安装选址工作，在适当的天气条件下对烟炉增雪作业进行业务指导，并在森林火灾气象保障及防火宣传等多方面开展合作。

蓟州区山区有中、小型水库十余座，大部分分布在山区、景区辖区附近，汛期防汛不容轻视。蓟州区气象局与区水务部门积极合作，每年汛期，气象部门为水务部门提供天气预报预警信息、雨情实况信息等服务，并提供实时天气雷达图、云图等资料，为水务部门及时掌握水库汛期、及时排除险情提供气象保障。

绿镜头·发现中国
——走进天津

第六章
生态农业助力生态经济发展

麦芽飘香丁家酄　天津都市型农业跨步发展

稻花香两岸，小麦齐生长。这里的小麦稳产丰收，这里的面粉口味、营养价值占据优势，现代都市农业的建设让村民过上了好日子……2013年5月14日，习近平总书记一行来到天津市武清区南蔡村镇丁家酄（quān）村小麦大田调研，现场察看小麦长势，询问田间管理和预产情况，并希望天津加快发展现代都市型农业，努力提高粮食自给能力。三年的时间，丁家酄村依托农业技术，不断提升小麦产值，自己种的小麦进了自己建的石磨面粉场，不但自给自足，还开拓了市场。

2016年5月，记者来到这片沃土，村民穿梭在小麦田间，汗水洒满全身，但脸上洋溢着幸福的笑容。小麦的天然香气让人感受到了庄稼地的醇香，说起这丁家酄的小麦，还要从这片土地讲起。

习近平总书记2013年来过的丁家酄村小麦地

李鑫/摄影

村种小麦研磨成面粉

李鑫／摄影

丁家酄村位于古老的北运河畔，肥沃的土地适合小麦的生长，采用没有任何污染的甘甜的北运河水浇灌所产出的天然无公害小麦，是丁家酄石磨面粉的优质原料。

自习近平总书记来到这里察看小麦长势，并鼓励村民发展相关产业后，顺此发展思路，在天津食品集团驻村工作组的帮助下，依托该村地肥水美种植优质小麦的优势和消费者对原生态食品的推崇，丁家酄村先后到山东等省市进行考察，搞起了武清区第一家石磨面粉厂。帮扶组投资255万元，翻建厂房1100平方米，购进石磨7盘，现已投产并取得生产许可证，日生产面粉能力可达到2000千克。

面粉采用古老的石磨工艺生产，不添加防腐剂、增白剂，属无公害石磨面粉。石磨在研磨小麦时，转速慢，产生热量低，蛋白质质量没有弱化，不破坏小麦的各种营养成分。小麦中的钙、磷、铁、维生素B_1、B_2等各种营养成分全部得到保留，具有独特的麦香味儿，而且很容易被人体吸收，特别是维生素E是普通面粉的21倍。

目前，石磨面粉主要通过天津食品集团15家销售点、武清农产品特产店和网络等途径，销往天津各地，深受百姓青睐，每年可增加村集体收入5万～10万元，有效促进了村集体经济发展。

习近平总书记的一次考察激发了农民致富的热情，回忆起习总书记3年前到访的场景，村委书记、村民都历历在目。

“2013年5月14日，我正在地里面收穗儿，习总书记到我们小麦地视察，我们正赶上，当时心情特别激动，总书记问了问小麦的生长和产量情况，那年小麦产量在1000斤左右，总书记告诉我们一定要把粮食种好，提高产量、增加收入。”村民说。

丁家鄌村党委书记张宝军说：“当时习总书记对小麦、粮食作物非常重视。总书记提出要求后，区委和区政府、镇党委对我们村帮助很大，给我们提供了两千多平方米的办公、建筑用地，同时推进种植优质小麦。种植管理统一后，原先我们浇地要自己掏钱，现在都是村委会出钱，老百姓省钱了，小麦这两年平均每亩提高一二百斤产量，老百姓打心眼儿里感到高兴。”

有了稳定的产量，小麦的去处也要解决。为此，丁家鄌村通过改造，建起了石磨面粉厂，并且投入了大型机器，还请来了帮扶小组解决实际问题。

天津食品集团驻村帮扶组组长孟建民介绍：“镇帮扶组进村以后，根据2013年习近平总书记到村来视察小麦提出来的要求，帮扶组通过考察调研，发挥村种植小麦的优势，把优势变为产业，把产业变为产品。对小麦进一步细加工，提高产品附加值。”

习总书记的一次考察带来了现代都市农业应用的启发，现代都市农业的打造也不仅仅让武清区南蔡村镇丁家鄌村有了发展，也为整个天津找到了城市都市型农业的落脚点。如今，天津市积极打造现代都

机器引入为石磨面粉增添动力

李鑫/摄影

市农业，充分发挥天津科技、人员优势，为百姓谋福利。

天津市农委质量安全监管处处长张建树说：“结合国家五大发展理念，习总书记在天津考察时提出来，要加快发展现代都市型农业，为了落实总书记指示精神，市委、市政府召开专题会议，安排部署，重点探讨现代都市农业怎么发展，从2013年之后，天津现代都市型农业发展速度非常快。”

据了解，今年（2016年）天津将加快推进农业产业结构调整。围绕推进农业供给侧结构性改革，加快转变农业发展方式，继续推进“一减三增”。同时，充分发挥农业科技支撑作用，大力推进优势种业发展，提升种业自主创新能力。同时，大力推进“互联网+”现代农业，实施“放心农产品”工程，不断强化农业基础设施建设，让现代都市型农业步入发展的“快车道”。

天津农户拥抱电商“互联网+农业”促增收致富

随着营养丰富、独具特色的农产品不断走入人们的生活，现在春节吃啥、送啥可不都是“点心八件儿”、大鱼大虾了，倒是沙窝萝卜、蓟州区鹊山鸡这些天津特色的农味儿越来越受到市民青睐。2016年，天津加快了农村电商发展步伐，“互联网+农业”这种销售模式更是让市民足不出户就能吃上农家特色产品，也让农户们在春节等节日里收获满满。

“互联网+农业”形式的促进作用

通过“互联网+农业”模式，市民与农户不仅可以通过互联网沟通交流，选择喜欢的电商、质量靠谱的农产品，购买到放心的农味儿特产，也降低了农户“靠天吃饭”的风险，促使农户、合作社等商家更加注重产品质量和品牌形象。

据市农委介绍，2015年，天津农产品电子商务发展初具规模。农产品电子商务示范项目新增网上销售农业企业、合作社400余家，新增产品品类300余种，新增效益600万元，年交易额突破2000万元。通过“互联网+农业”的方式，市民不但节省了时间，还增加了购买意愿。农户腰包鼓了，一系列新的农产品经营理念应运而生。

西青区曙光沙窝萝卜合作社社长与农户摘选成熟的沙窝萝卜

李鑫/摄影

让全国人民品尝沙窝萝卜

天津市西青区的曙光沙窝萝卜合作社从2010年就开设了官方网站，到2014年开通了微商城、微官网。这两年通过电商线上活动来进行销售推广，沙窝萝卜的电商年销售量从2000箱增长到4000箱；到2015年，电商销售总数已达到11000多箱。“以互联网销售为纽带，除了提升了公司的知名度，更增加了全国零售量；通过电商物流送货，销售价格有了保障，单箱毛利润也相应提高了。同时，我们也在与合作电商磨合中，改进了包装，积累了很多经验。”曙光沙窝萝卜合作社销售总监李耀勇说。

左：生长在大棚中的曙光沙窝萝卜
右：方便电商销售沙窝萝卜而改进的包装
李鑫/摄影

据了解，曙光沙窝萝卜合作社从组建以来，依托原产地，以京津冀为主分销，铺设80座城市、200多个经销商。并且与南方多地龙头电商企业合作，获得同城配送。通过扎根本地，积累口碑，引起关注。

自创电商 鹊山鸡“线上”送到家

“用信息化、网络化改造了传统‘菜篮子’工程，上游对接合作社社员，下游灵活运用专卖店、社区站点等现有渠道，减少了农产品的流通环节，减少了流通成本，进一步降低了产品销售价格，拓宽了产品销路，企业实现了更快的发展，一年为农民增收500余万元。”蓟州区鹊山鸡养殖基地销售经理胡金艳介绍。

左：蓟州区鹊山鸡养殖基地
中：鹊山鸡蛋
右：蓟州区鹊山鸡农产品成品包装
李鑫/摄影

据了解，洞察到农副产品的市场变化之后，蓟州区鹊山鸡养殖企业迅速调整自己的营销战略，积极开拓销售渠道、抢占市场，产品拓展到“线上”销售，并专门成立电商部门，为消费者开通客服咨询电话，为线上客户提供了售前、售中、售后的在线服务。

蓟州区鹊山鸡养殖基地销售经理胡金艳说：“通过三年的电子商务建设，合作社的经济实力进一步增强，龙头带动作用更加明显，社员养殖户进一步增加，养殖规模进一步扩大，进一步加快了蓟州区山区农民增收步伐，同时也使市民能够吃上真正绿色、营养、健康、安全的鹊山鸡农产品。”

天津新增全国休闲农业乡村旅游示范县、示范点

2016年5月，农业部、国家旅游局联合公布2015年全国休闲农业与乡村旅游示范县、示范点名单。天津市武清区荣获“全国休闲农业与乡村旅游示范县”称号，蓟州区渔阳镇西井峪村、穿芳峪镇大巨各庄村，武清区大碱厂镇南辛庄村，北辰区双街镇双街村，宝坻区泰泽康休闲农业示范园区获评“全国休闲农业与乡村旅游示范点”。至此，天津市已有全国休闲农业与乡村旅游示范县3个、示范点20个。

据了解，全国休闲农业与乡村旅游示范县、示范点创建工作由农业部、国家旅游局联合发起，旨在挖掘和推广各地发展休闲农业与乡村旅游的成效经验，在全国创建一批生态环境优、产业优势大、发展势头好、带动能力强的示范县和一批发展特色化、管理规范化、产品品牌化、服务标准化的示范点，以拓展农业功能、带动农村经济结构调整和农民就业增收为目标，加快推进传统农业向现代服务业转变。

武清区地处京津之间，素有“京津走廊”之称，是天津农业资源较为丰富的地区。为扩大休闲农业发展规模，打造“魅力武清”主题形象，该区已发展休闲农业园区28家、休闲乡村18个、农家院56户，推出武清特色美食产品32种、民俗节庆活动20余个以及休闲农业精品旅游线路6条。南辛庄村、灰锅口村先后被评为“中国最美休闲乡村”和“最有魅力休闲乡村”，君利现代农业示范园、津溪桃源等15个园区和村点获得市级示范称号。2015年，武清成功承办第三届中国绿化博览会，吸引各地游客150万人次。

上：蓟州区大巨各庄紫云水岸香草园

左：宝坻区泰泽康大唐湿地乐园

右：武清区北运河休闲旅游驿站

李鑫 / 摄影

此次新评定的5个全国休闲农业与乡村旅游示范点，除蓟州区西井峪村以历史文化挖掘与古村落原始风貌保护入选之外，其余四家均为现代新村建设或现代休闲农业园区发展的典范。其中蓟州区大巨各庄旅游村和宝坻区泰泽康休闲农业生态园依托景区的概念打造休闲农业园区，基础设施不断完善，服务配套功能不断增强，形成了集农业观光、农家住宿、农事体验为一体的休闲农业综合体，对于提升天津休闲农业发展品质、促进农业转型升级具有典型意义。

“三步走”迈出现代农业气象服务创新之路

——天津市设施农业气象物联网技术应用服务纪实

自2007年天津市委、市政府将“加快发展设施农业”作为重点任务提出后，天津利用8年时间，初步形成适应天津城市发展、带动农业增产增收的现代农业新格局。在2015年召开的全市农村工作会议上，天津市委、市政府更是将“努力提高现代都市型农业的发展水平”作为激发农村发展活力、促进农业增产和农民增收的有效举措。天津市气象局作为服务农业生产的重要保障部门，紧紧围绕现代都市型农业发展的需求，创新服务方式、强化科技支撑、加快成果转化，可谓按照“三步走战略”，提升新技术研发和业务能力，迈出了以设施农业为重点的现代农业气象服务的创新发展道路。

搭建设施农业气象实时监测和灾害预警服务平台，创新现代农业气象业务服务手段

2009年4月，由天津市气象局承担的《日光温室气象监测预警服务技术综合应用开发项目》完成验收并在试点区县投入业务使用。该项目构建了集自动监测、数据远程传输、温室小气候模拟、温室气象预报产品制作与发布、灾害预警于一体的设施农业气象监测与灾害预警综合业务服务系统，有效解决了设施农业生产中遇到的气象灾害预警服务问题，成为市（区）县两级气象部门新的服务手段，使得以日光温室为主的设施农业因灾损失率明显下降，为设施农业规模化发展提供了有效的气象服务保障。

天津市气候中心主任黎贞发介绍："由于采用了农业物联网、实时处理和智能分析与决策等新技术，而且适逢加快农业结构调整和现代农业大发展的需要，持续获得《日光温室气象监测预警服务技术综合应用与示范》《日光温室气象监测预警服务综合技术推广应用》《基于物联网的日光温室低温冷害监测预警与智能调控技术研究及应用》等省部级科研项目的支持，技术得到不断完善和提升，推动了设施温室作物生长可视化远程诊断、远程控制、灾害预警等智能管理服务，成为我市设施农业物联网技术应用的亮点工作，打造出'直通式'现代农业气象服务新技术。"

目前，基于物联网、移动智能终端等新技术支撑，市气象部门建立了覆盖全市主要现代农业种植基地的小气候实时监测网和市县一体化的设施农业气象服务系统；利用网站、电子信息显示屏、手机短信等实现了针对现代农业生产的灾害性天气预报和预警服务；建立了与农业部门联合服务机制，取得显著社会经济效益。

天津市气候中心主任黎贞发接受记者采访
张妍 / 摄影

2010 年 11 月，天津市气候中心作为天津市农委组织的参展团成员单位之一，到北京参加全国信息化与现代农业博览会，图为专业技术人员现场为外国参观者介绍天津“设施农业”气象服务平台
王铁 / 摄影

构建跨部门、国际化的技术交流合作机制 掌握现代农业服务核心关键技术

黎贞发告诉记者："如何实现设施农业气象服务能力的持续提升，关键一点是要拥有一支掌握现代农业气象服务核心关键技术的团队。"近年来，市气象部门积极构建跨部门协同创新机制，融合多方技术和人才等创新资源，针对影响业务服务发展的核心关键技术联合开展研究，在完成技术攻关的同时，锻炼培养一支掌握现代农业气象服务新技术的骨干队伍，使相关技术研发和成果应用处于先进水平。

自2008年开始，市气象部门就以项目合作的形式，先后与国家农业信息技术中心、天津大学电气与自动化工程学院、中国农业科学院农业环境与可持续发展研究所、天津市设施农业研究所等设施农业技术研究相关的知名创新团队开展合作研究，成立了设施农业气象技术研发中心，组建了跨部门设施农业气象试验室，开展了农业物联网、植物表型识别、温室环境模拟、作物生长模型等较前沿的应用技术研究，为设施农业气象业务服务能力提升提供了强有力的科技支撑。"特别是通过与天津市农业科学院合作，依托国家级现代农业科技创新园区，建立起农业气象物联网试验基地和农业环境物联网实用装备测试平台，为开展技术创新和产品测试提供了试验条件。"黎贞发说，"目前，农业物联网实用装备测试平台项目已被纳入天津市农业物联网发展'十三五'规划中。"

此外，市气象部门还以联合申请国际科技合作项目为契机，先后与欧盟、日本专家开展深入交流。市气候中心生态与农业科科长李春说："我们与西班牙阿尔梅里亚大学、德国波恩大学、中国天津无公害中心等单位合作申请了欧盟国际科研人才交流计划项目并获得批准，先后有

9人分3批赴西班牙、德国、意大利、希腊等开展交流研讨，初步建立起与国外高水平研究团队的合作机制，也掌握了发达国家设施农业相关技术的发展概况与研究新进展。例如，我们通过技术协作，引进了西班牙日光温室环境数值模拟、意大利土壤水分预报等先进技术，对提升我局设施农业定量化预报与风险评估技术研发能力起到重要作用。”另外，通过国际交流与合作，拓宽了科技人员的视野。

西班牙阿尔梅里亚大学费尔南多教授到天津农业科技创新基地参观市气候中心农业气象物联网测试平台，了解天津现代农业气象服务模式
李春/摄影

与科技型高新企业组建技术创新联盟，加快科技成果的高水平转化应用

黎贞发强调："我们针对现代农业完成的一系列技术研发成果要想真正在农业生产中发挥作用、让农户体会到实实在在的经济效益，还是需要在农业生产中实现广泛推广和应用。"本着这样一个理念，市气候中心积极加强与科技型高新企业合作，为设施农业现代化技术新成果搭建业务转化平台，先后联合研制开发了针对性较强的环境监测与智能化控制设备、数据分析处理系统软件等，并通过企业的力量实现批量生产，大大缩短了新产品开发与应用周期，使现代农业用户与高新企业实现了双赢发展，闯出了科研成果高水平转化应用的新路子。

农业部副部长余欣荣到天津市农业科技创新基地视察市气候中心农业气象物联网测试平台

李春/摄影

2012年12月，市气候中心参展天津农机化新技术新成果展示会，展出设施农业小气候观测服务系统

李春/摄影

自2010年开始，市气象部门先后与天津天仪集团公司、天津赛乐新创通信技术有限公司、北京华云尚通科技有限公司等科技型企业合作，组成产、学、研、用技术创新联盟，形成了以“设施农业生产环境智能监控”为重点的物联网技术产品研发到生产的发展新机制。

截至2015年底，成功开发的新型设施农业气象监测设备、温室智能加温补光系统等四项技术获得了实用发明专利，有四项专利产品实现了批量生产并取得较好的经济效益；气象灾害在线实时监测预警技术应用模式、农田小气候监测数据接收软件等四项成果还入选了农业部“全国农业物联网区域试验成果”推广目录，并已得到了较好的应用。

西青区气象局为沙窝萝卜高效生产、农民致富添“法宝”

天津市西青区沙窝萝卜，又称“天津卫青萝卜”，俗称“赛鸭梨”，是天津农业名牌产品。因原产于天津西青区辛口镇小沙窝村等周边村庄而得名，已有600多年种植历史。沙窝萝卜现已注册为国家地理标志保护产品，并经国家工商行政管理总局商标局核准注册为原产地证明商标，连续三届被天津市政府评为天津市名牌农副产品，还获得了“天津市非物质文化遗产”称号，其肉色翠绿，口味甜辣可口且营养丰富，又具有顺气消食的食疗功效，素有“沙窝萝卜赛鸭梨”之美誉。

设施栽培技术延长了沙窝萝卜的收获期

如今天津的沙窝萝卜已经形成专业的销售模式，出口港澳及东南亚地区，如此一来也在很大程度上提高了村民的经济水平。曙光沙窝萝卜专业合作社社长李树光介绍说：“沙窝萝卜之所以畅销，离不开此地独特的土壤成分，沙窝村土壤上层为黑土，中层为砂土，土层深厚，排水良好，有利于萝卜的肉质根的生长。此外，光有独特的土壤还远远不够，沙窝萝卜之所以效益好、品质高、味道美，还源于沙窝萝卜的高效生产模式以及生产棚室内外的小气候调节。”

目前，沙窝萝卜已经打破了过去一年一茬传统的栽培形式，采用多种保护地设施与露地相结合的方式，延长了种植期，形成了“春保护地–秋露地–秋延后冷棚–秋延后暖棚”的高效种植模式，使消费

在温室大棚里生长的沙窝萝卜
李宁 / 摄影

者每年有6～7个月能吃上从地里现拔的沙窝萝卜，实现沙窝萝卜的周年生产。

李树光说：“由于延后种植期经历了低温，有利于淀粉转化为糖分，萝卜品质好于露地；另一方面，设施萝卜种植适收期较长，收获时间可以根据当时的天气和市场价格决定，经济效益较高，因此，在沙窝萝卜种植生产过程中，设施栽培面积已经远远超过了露天大田的面积。”

气象保障促进沙窝萝卜高效生产

为了实现沙窝萝卜反季节生产产业的升级，西青区气象局联合曙光沙窝萝卜专业合作社，筛选出了适合沙窝萝卜秋冬生产的“低成本–高效益”专用棚室，并建立了适用于西青区沙窝萝卜温室生产的一套完整的、针对性强的本地化栽培管理气象服务指标。

西青区气象局在典型棚室内布设了“智慧园丁物联网设施监控网”，并建立了云端数据库，实现了温室内小气候多要素的在线实时监控。西青区气象局党组书记、局长高强介绍说：“通过在线实时观测，我们实现了对棚室内空气温度、湿度、光照强度、棚室内气压以及土壤温湿度等实时监测，并通过分析研究云端数据库所采集的数据发现，沙窝萝卜生产专用棚室采用秋延后种植可实现萝卜的生育期从传统的75天左右延长至现在的150天左右，推后了传统上市时间。这样一来，也可以克服秋冬缺菜，实现蔬菜周年均衡供应,有效提高了萝卜种植的经济效益。”

气象服务人员在大棚里开展小气候实地观测
李宁/摄影

原来，西青区气象局将天气实况数据与萝卜生长周期进行对比分析，特别是对设施棚室内气温变化对萝卜生长情况的影响进行研究。高强说："经研究发现，棚室内每年11月至翌年1月份昼夜温差大致在10 ℃，而最低温度在0 ℃左右，非常适合萝卜的糖分转化和色素形成，使其肉质脆嫩、口感甜辣适中、皮色和肉色翠绿，提高了沙窝萝卜的外观品质、营养品质和风味品质，可以说是实现萝卜的田间自然保鲜贮藏。也正是基于此，我局研究出一套针对沙窝萝卜生产的本地化栽培管理气象服务指标，针对沙窝萝卜的生长周期，结合气象条件，给出针对性强的生产建议。"

同时，区气象局还建立了智慧园丁应用服务平台，其中包括手机推送服务和互联网在线浏览服务，农户可以通过互联网或者手机实时查阅温室内在线实况数据、历史监测数据、监测设备运行状态以及超限报警服务等，利用智慧园丁应用服务平台，在灾害性天气来临之前，提醒农户及时采取防御措施，提高其防灾抗灾能力。“在充分利用棚室外大气候条件的同时，根据区气象局提供的适宜萝卜生产本地化栽培管理气象服务指标，科学管理调控温室内小气候条件，严格遵循农作物生长习性进行浇灌，当然还需要密切关注天气情况，把握好有利天气条件进行间苗、定植等作业，这些工作都做齐了，萝卜的产量和效益就得到了最大保障。”李树光这样说。

如今，辛口镇沙窝萝卜种植面积达到5000多亩，销售沙窝萝卜的专业合作社达40多家，再通过举办沙窝萝卜文化旅游节、印制科普材料、举办培训班等途径，沙窝萝卜的产业化进程得到有效提升，实现了沙窝萝卜产业技术链的延伸及产业的升级。有了得天独厚的自然条件，高效的设施生产模式以及科学管理的小气候模式，沙窝萝卜已成为天津口岸独有的传统出口商品，一直远销日本、东南亚和港澳等地区，成为天津市西青区当地农民发家致富的“法宝”。

武清区气象局为特色种植作保障

天津市武清区地处京津之间，位于华北冲积平原下端、天津市西北部，地势平缓，土层深厚，土质疏松肥沃，宜于农业生产。粮食作物主要有小麦、玉米、水稻、杂粮等，经济作物主要有蔬菜、水果、油料、棉花等，特色种植主要有灵芝、葡萄、桃。武清区气象局多年来致力于服务农业生产，提高农业气象服务科技含量，通过深入基层调查研究，打造了一系列特色农业气象服务产品。

葡萄是武清区特色种植之一，梅厂镇作为武清区葡萄的主要种植区，葡萄种植品种已经由最初的几种发展到现在的30多种，采摘期从每年的5月份一直持续到八九月份。怎样服务于葡萄种植业发展？如何实现错峰上市？如何最大限度提高葡萄种植业的经济效益？这些都是武清区气象部门近年来不断攻克的难题。

武清区设施农业气象服务
李俊红/摄影

无核葡萄
宛公展 / 摄影

2014年初，武清区出现持续雾、霾天气，导致能见度差、光照度弱，温室内不能获得有效的热量补充，温度持续偏低，阴霾天气推迟了温室草帘的揭开时间，使得温室内相对湿度过大。区气象局为农服务首席于红说："受持续低温寡照影响，设施葡萄叶片、茎等均出现严重灰霉病变，影响了葡萄花芽分化进度，推迟了生长期。同时，连阴天气下葡萄打枝后，枝叶伤处恢复缓慢，甚至出现腐烂症状。"针对寡照、高湿的不利天气影响，区气象局迅速派出专业技术人员到设施农业园区开展专题调研，并结合调研情况，在梅厂镇金锅设施农业园区设立了农业气象试验点，开启了服务设施葡萄特色种植的科研道路。

经过两年的试验研究，区气象局总结了温室葡萄生育期、揭帘时间、灌溉时间等气象服务指标，制定了设施葡萄周年服务方案，明确了各生育期农业气象服务重点与农事管理方法。并将指标进行成果转化，引进武清区气象为农服务智能系统，进行设施葡萄生育期及气象条件实时监测，自动给出农事建议，为设施葡萄种植开展服务。

此外，近年来，灵芝因其特有的药用价值具有广泛的需求，武清区现已实现人工种植。因其生物特点，温度、湿度等气象条件对其生长起到关键作用，气象服务也显得尤为重要。区气象局深入到各灵芝种植基地，与基地负责人、技术专家进行座谈交流，对灵芝的栽培品种、气候适宜性、种植管理进行调研，征求了基地技术人员在灵芝种植管理中对气象服务的需求，进一步提高气象为农服务的精细化水平。

通过近几年的调研和实践，武清区气象局针对该区大力发展都市型现代农业的需求，已开发了专业的气象为农服务系统，预报员通过该系统调取农业气象观测数据、与农业专家进行会商交流，并制作生成农业生产指导预报产品。用户则可通过互联网登录该系统随时查看各类服务产品。区气象局还将农业生产服务指标输入到该系统，结合服务指标和天气预报有针对性地开展农事生产服务，2016年，该系统还被纳入到武清区农业信息系统中。同时，区气象局还成立了农业气象服务技术创新小组，开展农业气象科研和业务项目实验研究，编制完成了《武清区主要作物农业气象服务手册》《武清区设施农业服务手册》《武清区农业气象指标集》和《武清农业气象工作历》等，并建立了农业气象试验室。

上：武清区东马圈镇气象信息服务站

下：武清区梅厂镇气象信息服务站

李俊红 / 摄影

如今，武清区气象局已建立了“直通式”农业气象服务体系，为全区618个行政村安装了气象预警大喇叭，在镇街政府、重点农村安装了134块LED气象信息电子显示屏，在高新园区、社区服务中心等安装了45块LCD气象信息电子显示屏，为种养殖大户、农业技术人员及气象信息员免费开通了气象预报服务短信，实现了气象信息传输设施的全覆盖。

为进一步延伸气象服务“触角”，武清局在全区29个镇街均建成了气象信息服务站，各镇配备了气象协理员，各村配备了气象信息员。此外，武清区气象局结合本区大力发展现代农业的现状，开展“直通式”气象服务，建立了包括82家农业合作社、151个种养殖大户、90个设施农业园区、100家涉农企业及48个农业技术人员在内的“气象服务重点用户数据库”，每天以短信的方式点对点发送为农气象服务信息，服务用户达到3800人，现代化的气象服务手段为农民增产增收提供了科学保障，受到广大农户的广泛好评。